AI短视频创作攻略

AI Video
Creation
Playbook

AI技能提升工作组 ◎ 编著

化学工业出版社

·北京·

内 容 简 介

《AI短视频创作攻略》是专为短视频创作者打造的实战指南，全面展示了如何利用AI技术重塑短视频创作流程。本书从入门基础到场景应用，系统地介绍了剪映、即梦AI、可灵AI、腾讯智影4款短视频创作工具，详解其网页版与手机版的使用方法，并提供了140多分钟教学视频，确保读者可以零基础快速上手。

全书内容覆盖AI短视频全链路创作：从模板应用、素材包调用到文生视频/图生视频；从提示词编写、DeepSeek脚本自动生成到智能剪辑与音画优化等进阶技巧。书中精选风光、人物、商业、营销等多领域案例，拆解AI技术在不同场景下的创新应用路径，助力提升内容质量与传播效能。

本书突出三大核心价值：首先是工具效能，展现了AI短视频创作工具的跨平台便捷性、创意多样性及流程灵活性；其次是技能进阶，提供了从基础操作到脚本设计、剪辑优化的系统方法论；最后是实战赋能，通过行业案例实现技术迁移，满足个人创作与商业营销双重需求。

本书的读者群体涵盖内容创作者、AI绘画师、电商设计师、短视频博主、数字媒体研究者及职业教育机构，兼具工具书属性与教学参考价值。

图书在版编目（CIP）数据

AI短视频创作攻略 / AI技能提升工作组编著.
北京：化学工业出版社，2025. 7. -- ISBN 978-7-122-48006-4

Ⅰ. TN948.4-39

中国国家版本馆CIP数据核字第2025UR1853号

责任编辑：夏明慧　　　　　　　　　　封面设计：李　冬
责任校对：王　静　　　　　　　　　　版式设计：盟诺文化

出版发行：化学工业出版社（北京市东城区青年湖南街13号　邮政编码100011）
印　　装：盛大（天津）印刷有限公司
710mm×1000mm　1/16　印张13　字数246千字　2025年7月北京第1版第1次印刷

购书咨询：010-64518888　　　　　　　售后服务：010-64518899
网　　址：http://www.cip.com.cn
凡购买本书，如有缺损质量问题，本社销售中心负责调换。

定　　价：88.00元　　　　　　　　　　　　　　　　版权所有　违者必究

前言

在这个短视频风靡且内容创作日益重要的时代，AI技术正以前所未有的速度改变着短视频创作的格局。然而，许多内容创作者和视频编辑者在新兴的AI短视频领域依然面临着诸多挑战。

① **技术门槛高**：如何快速掌握并利用AI技术进行短视频创作，以提升内容质量和制作效率？

② **创意瓶颈**：在短视频内容泛滥的市场中，如何突破创意限制，制作出独特且吸引人的内容？

③ **工具选择难**：面对众多AI短视频创作工具，如何挑选出最适合自己的那一款？

④ **流程烦琐**：传统视频创作流程复杂且耗时，如何借助AI技术简化流程，实现快速迭代？

⑤ **个性化需求**：如何满足不同平台和受众的个性化需求，定制专属的短视频内容？

⑥ **资源限制**：在有限的资源和时间内，如何最大化利用AI技术，创作出高质量的短视频？

面对这些挑战，我们组织编写了《AI短视频创作攻略》，旨在为读者提供一套全面的AI短视频创作指南。本书不仅是一本实用的操作手册，更是一本激发创意、提升效率的思维宝典，帮助读者在短视频创作的浪潮中脱颖而出。

本书的特色和亮点体现在以下几个方面。

·**AI短视频创作工具详解**：全面介绍剪映、即梦AI、可灵AI、腾讯智影等主流AI短视频创作工具，从电脑版到手机版，详细讲解操作方法，帮助读者轻松上手，快速掌握AI短视频创作的核心技能。

·**工具效能性**：借助AI技术，实现短视频创作的快速生成、一键编辑和智能优化，大大缩短创作周期，提高制作效率。无论是初学者还是专业创作者，都能在短时间内创作出高质量的短视频内容。

·**功能多元性**：提供多种AI创作功能，如文生视频、图生视频、对口型、视频补帧等，满足您在不同场景下的创作需求。无论是风光类、人物类、商业类还是营销类短视频，读者都能找到适合的创作方式和工具。

·**创作灵活性**：支持自定义提示词、脚本创作和后期剪辑，让您在创作过程中拥有更大的自由度。通过智能调整参数设置，实现个性化定制，让您的短视频内容更加独特且吸引人。

此外，为了进一步帮助读者提升AI短视频创作技能，本书特别提供了60多个AI提示词、60个技巧案例实战、140多分钟同步教学视频，这些资源将为读者提供更直观的学习体验和更丰富的实践指导。通过实际操作和观看视频，读者可以更深入地了解剪映、即梦AI、可灵AI以及腾讯智影等AI短视频创作工具的使用方法，以及如何将它们应用到实际场景中。

◎ 特别提醒

1. 版本更新：本书的编写是基于当前各种AI工具的网页平台和手机App的界面截取的实际操作图片，但书从编辑到出版需要一段时间，在此期间，这些工具的功能和界面可能会有变动，读者在阅读时，可根据书中的思路举一反三，进行学习。

本书涉及的各大软件和工具的版本如下：剪映电脑版为6.8.0版本，剪映手机版为14.4.0版本，即梦AI App为1.2.3版本，可灵AI为可灵1.0模型，快影App为V6.64.0版本，DeepSeek是基于DeepSeek-R1模型。

2. 关于会员功能：剪映、即梦AI、可灵AI以及腾讯智影等软件中的某些AI创作功能，需要开通会员或充值才能使用，虽然有些功能有免费的次数可以试用，但是开通会员之后，就可以无限使用或增加使用次数。对于AI短视频有深度创作需求的用户，可开通会员，这样可使用更多的功能和得到更多的玩法体验。

3. 指令与提示词：也称为文本提示（或提示）、文本描述（或描述）、文本指令（或指令）、关键词等。需要注意的是，即使是相同的指令和提示词，软件每次生成的回复也会有差别，这是软件基于算法与算力得出的新结果，是正常的，所以大家会看到书中的回复与视频中的有所区别，包括大家用同样的指令，自己进行实操时，得到的回复也会有差异。因此在扫码观看教程时，读者应把更多的精力放在操作技巧的学习上。

> 提示：读者在进行创作时，需要注意版权问题，应尊重他人的知识产权。另外，读者还需要注意安全问题，创作须遵循相关法律法规和安全规范，确保作品的安全性和合法性。

◎ 资源获取

如果读者需要获取书中案例的素材、指令与回复，请使用微信"扫一扫"功能扫描右侧二维码获取。

本书配套的教学视频与正文每一小节一一对应，读者可以按需扫描正文中的二维码，边看边学。

扫码获取案例素材、指令与回复

本书由AI技能提升工作组编著，参与编写的人员还有熊菲，在此表示感谢。由于编写人员水平有限，书中难免有疏漏之处，敬请广大读者批评指正。

编著者

2025年2月

目 录

智能工具篇

第1章　工具一：剪映 ·· 002

1.1 剪映电脑版的使用方法 ·· 003
　　1.1.1 安装并登录剪映电脑版 ······································ 003
　　1.1.2 了解电脑版工作界面 ·· 006
　　1.1.3 通过模板生成视频 ·· 007
　　1.1.4 添加素材包生成视频 ·· 010
1.2 剪映手机版的使用方法 ·· 015
　　1.2.1 安装并登录剪映App ·· 016
　　1.2.2 了解剪映App的工作界面 ···································· 017
　　1.2.3 使用"图片玩法"制作视频 ·································· 019
　　1.2.4 使用"AI特效"制作视频 ···································· 022
　　1.2.5 使用"图文成片"制作视频 ·································· 023
本章小结 ··· 025

第2章　工具二：即梦AI ·· 026

2.1 即梦AI网页版的操作方法 ·· 027
　　2.1.1 登录即梦AI网页版 ·· 027
　　2.1.2 即梦AI网页版的页面介绍 ···································· 029
　　2.1.3 使用文生视频功能 ·· 030
　　2.1.4 使用图生视频功能 ·· 032

2.1.5　使用"运镜控制"功能 ……………………………… 033
　　2.1.6　使用"运动速度"功能 ……………………………… 035
　　2.1.7　使用"基础设置"功能 ……………………………… 037
　　2.1.8　使用"动效画板"功能 ……………………………… 038
　　2.1.9　使用"生成次数"功能 ……………………………… 041
　　2.1.10　使用延长视频功能 ………………………………… 042
　　2.1.11　使用"对口型"功能 ……………………………… 044
　　2.1.12　使用"视频补帧"功能 …………………………… 046
　　2.1.13　使用"提升分辨率"功能 ………………………… 047
　　2.1.14　使用"AI配乐"功能 ……………………………… 049
　2.2　即梦AI手机版的操作方法 …………………………………… 051
　　2.2.1　安装并登录即梦AI手机版 ………………………… 051
　　2.2.2　即梦AI手机版的界面介绍 ………………………… 053
　　2.2.3　手机版文生视频功能 ………………………………… 055
　　2.2.4　手机版图生视频功能 ………………………………… 057
　　2.2.5　设置视频的镜头运动方式 …………………………… 059
　　2.2.6　设置视频的生成时长 ………………………………… 061
　　2.2.7　设置视频的比例 ……………………………………… 062
本章小结 ……………………………………………………………… 063

第3章　工具三：可灵AI ……………………………………… 064

　3.1　可灵AI网页版的操作技巧 …………………………………… 065
　　3.1.1　登录可灵AI …………………………………………… 065
　　3.1.2　可灵AI的页面介绍 …………………………………… 066
　　3.1.3　可灵AI文生视频 ……………………………………… 067
　　3.1.4　可灵AI图生视频 ……………………………………… 068
　3.2　可灵AI手机版的操作技巧 …………………………………… 070
　　3.2.1　安装并登录快影App ………………………………… 070
　　3.2.2　可灵AI手机版界面介绍 ……………………………… 072
　　3.2.3　手机版文生视频 ……………………………………… 073
　　3.2.4　手机版图生视频 ……………………………………… 075
本章小结 ……………………………………………………………… 077

第4章　工具四：腾讯智影 …………………………… 078

4.1 腾讯智影的视频创作功能 …………………………… 079
- 4.1.1 登录腾讯智影 …………………………………… 079
- 4.1.2 腾讯智影的页面介绍 …………………………… 081
- 4.1.3 制作数字人播报视频 …………………………… 082

4.2 腾讯智影的视频编辑功能 …………………………… 085
- 4.2.1 使用"智能抹除"功能 ………………………… 085
- 4.2.2 使用"字幕识别"功能 ………………………… 087
- 4.2.3 使用"智能转比例"功能 ……………………… 090

本章小结 …………………………………………………… 092

创作技巧篇

第5章　技巧一：AI视频的提示词编写 …………… 094

5.1 AI视频提示词编写的基础思路 …………………… 095
- 5.1.1 明确具体的视频元素 …………………………… 095
- 5.1.2 详细描述场景的细节 …………………………… 095
- 5.1.3 创造性地使用提示词 …………………………… 097
- 5.1.4 逐步引导构建提示词 …………………………… 098

5.2 AI视频提示词的编写技巧 ………………………… 099
- 5.2.1 如何选择AI视频的提示词 …………………… 099
- 5.2.2 AI视频提示词的编写顺序 …………………… 100
- 5.2.3 AI视频提示词的编写事项 …………………… 101

5.3 打造专业级效果的AI视频 ………………………… 102
- 5.3.1 构建主体特征的提示词 ………………………… 102
- 5.3.2 构建场景特征的提示词 ………………………… 104
- 5.3.3 构建艺术风格的提示词 ………………………… 106
- 5.3.4 描述画面构图的提示词 ………………………… 108
- 5.3.5 描述环境光线的提示词 ………………………… 110
- 5.3.6 描述镜头参数的提示词 ………………………… 112

本章小结 …………………………………………………… 114

第6章 技巧二：AI视频的脚本创作 ·················· 115

6.1 了解脚本的基础知识 ························ 116
6.1.1 认识脚本的内涵 ······················ 116
6.1.2 认识脚本的作用 ······················ 117
6.1.3 了解脚本的类型 ······················ 117

6.2 利用DeepSeek生成脚本 ···················· 118
6.2.1 策划短视频的主题 ···················· 118
6.2.2 生成短视频的脚本 ···················· 119
6.2.3 生成分镜头的脚本 ···················· 120
6.2.4 生成短视频的标题 ···················· 121

6.3 生成5种不同的短视频脚本 ·················· 122
6.3.1 生成情景短剧脚本 ···················· 122
6.3.2 生成心理情感短视频脚本 ··············· 124
6.3.3 生成知识科普短视频文案 ··············· 125
6.3.4 生成干货分享短视频文案 ··············· 127
6.3.5 生成影视解说短视频文案 ··············· 128

本章小结 ···································· 130

第7章 技巧三：AI视频的后期剪辑 ·················· 131

7.1 AI短视频的智能剪辑技巧 ···················· 132
7.1.1 使用"智能裁剪"功能 ················· 132
7.1.2 使用"识别歌词"功能 ················· 134
7.1.3 使用"智能调色"功能 ················· 135

7.2 AI短视频的画面优化技巧 ···················· 136
7.2.1 使用"超清画质"功能 ················· 137
7.2.2 使用"智能打光"功能 ················· 138
7.2.3 使用"智能运镜"功能 ················· 139

7.3 AI短视频的音频处理技巧 ···················· 141
7.3.1 使用"人声美化"功能 ················· 141
7.3.2 使用"声音分离"功能 ················· 142
7.3.3 使用"改变音色"功能 ················· 143

本章小结 ···································· 144

视频案例篇

第8章 影像类视频的AI创作案例 …………………… 146

8.1 户外风光：运用剪映搜索模板生成视频 ……… 147
　　8.1.1 使用DeepSeek生成户外风光提示词 ………… 147
　　8.1.2 使用即梦AI生成户外风光视频 ……………… 149
　　8.1.3 使用剪映搜索模板生成户外风光视频 ……… 150

8.2 日常碎片：运用剪映模板一键生成视频 ……… 152
　　8.2.1 使用DeepSeek生成日常碎片的提示词 …… 153
　　8.2.2 使用即梦AI生成日常碎片的图片 …………… 153
　　8.2.3 使用剪映模板一键生成日常碎片视频 …… 155

本章小结 ………………………………………………… 157

第9章 人物类视频的AI创作案例 …………………… 158

9.1 京剧花旦：运用即梦AI图文生视频 …………… 159
　　9.1.1 生成京剧花旦图片素材 ……………………… 159
　　9.1.2 精确输入关键词生成视频 …………………… 161
　　9.1.3 再次生成京剧花旦视频 ……………………… 162

9.2 虚拟人物：运用即梦AI的"对口型"功能 …… 163
　　9.2.1 生成虚拟人物图片素材 ……………………… 164
　　9.2.2 添加提示词优化视频效果 …………………… 165
　　9.2.3 使用"对口型"功能朗读文本 ……………… 167

本章小结 ………………………………………………… 169

第10章 商业类视频的AI创作案例 ………………… 170

10.1 香水广告：运用可灵AI制作产品广告 ……… 171
　　10.1.1 添加提示词并设置相应参数 ……………… 171
　　10.1.2 延长香水广告视频的时长 ………………… 173
　　10.1.3 下载无水印香水广告视频 ………………… 174

10.2 月饼礼盒：运用可灵AI制作美食广告 ……… 175

10.2.1　设置相关参数生成参考图……………………176
　　　10.2.2　上传参考图进行以图生图……………………178
　　　10.2.3　设置播放速度慢速观看视频…………………179
　本章小结……………………………………………………179

第11章　营销类视频的AI创作案例………………180

　11.1　春日踏青计划：运用腾讯智影制作营销推广
　　　　数字人视频……………………………………………181
　　　11.1.1　使用DeepSeek生成春日踏青计划的文案……181
　　　11.1.2　选择合适的数字人模板………………………182
　　　11.1.3　使用文本驱动数字人视频……………………185
　11.2　周年店庆活动：运用腾讯智影主题模板生成
　　　　视频……………………………………………………188
　　　11.2.1　使用DeepSeek生成周年店庆活动的文案……188
　　　11.2.2　使用腾讯智影主题模板生成播报……………189
　　　11.2.3　使用腾讯智影调整视频中的数字人…………190
　　　11.2.4　使用腾讯智影优化视频的展示效果…………191
　本章小结……………………………………………………196

智能工具篇

▶ 第1章

工具一：剪映

本章将深入探讨剪映这一强大的视频编辑工具的电脑版与手机版中AI功能的应用。本章将逐步揭开剪映两个版本的AI创意之门，详细介绍两个版本的安装、登录与工作界面，以及电脑版的两种AI功能：利用模板生成视频和添加素材包生成视频，手机版则包括"图片玩法""AI特效"两种AI功能。

第 1 章　工具一：剪映

1.1 剪映电脑版的使用方法

剪映电脑版（及专业版）集成了多项前沿AI技术，极大地提升了视频创作的效率与创意。用户可以利用"模板""素材包"两种AI功能，自动将图文内容转化为生动的视频，每个模板都经过精心编排，融合了视频、音频、动画及特效等多重元素，能让普通的素材焕发新生，秒变专业级视频作品。本节主要介绍安装并登录剪映电脑版、了解电脑版工作界面、通过模板生成视频、添加素材包生成视频等内容。

1.1.1 安装并登录剪映电脑版

在安装剪映电脑版时，请确保电脑中的操作系统符合软件安装要求，并提前关闭所有可能干扰安装进程的软件。下面介绍安装并登录剪映电脑版的操作方法。

步骤01 ❶在浏览器（如Microsoft Start）中输入并搜索"剪映专业版官网"；❷单击搜索结果中的剪映专业版官网链接，如图1-1所示，即可进入剪映的官网。

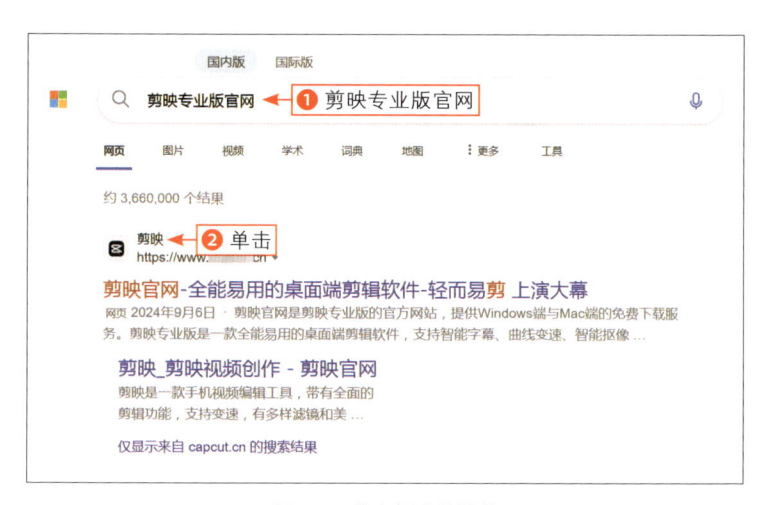

图 1-1　单击相应的链接

☆ **专家提醒** ☆

优先选择知名的搜索引擎，如谷歌、微软、百度、必应等，这些平台通常有强大的算法来过滤垃圾信息和恶意网站，提高搜索结果的准确性和安全性。

003

步骤02 在"专业版"页面中，单击"立即下载"按钮，如图1-2所示。

图1-2 单击"立即下载"按钮

步骤03 稍等片刻，在页面右上角弹出"下载"对话框，完成下载后，即可打开相应的文件夹，❶在软件安装器上单击鼠标右键；❷在弹出的快捷菜单中选择"打开"命令，如图1-3所示。

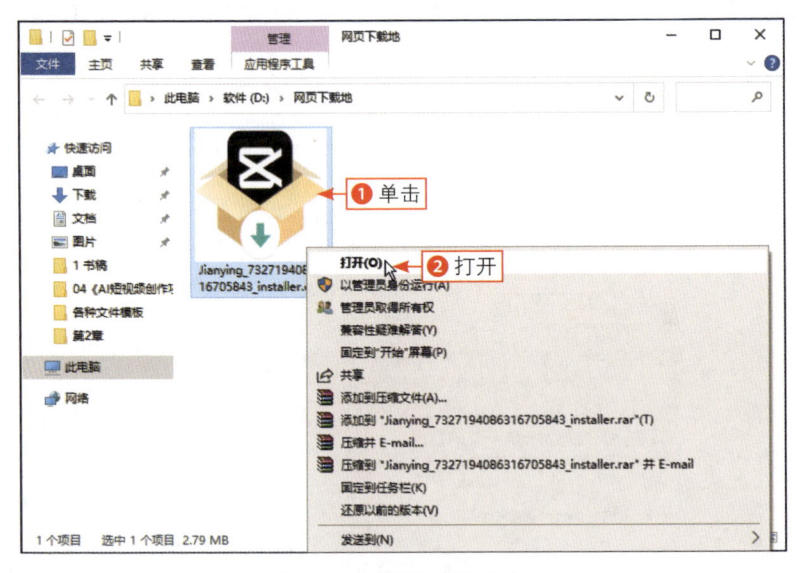

图1-3 选择"打开"命令

步骤04 执行操作后，弹出Jianying desktop installer（剪映桌面安装程序）对话框，自动下载剪映电脑版，对话框下方会显示安装进度，如图1-4所示，进度完成后，即可将剪映电脑版安装至电脑中。

第 1 章　工具一：剪映

步骤05 弹出"环境检测"对话框，单击"确定"按钮，如图1-5所示，确定使用剪映电脑版。

图 1-4　显示安装进度 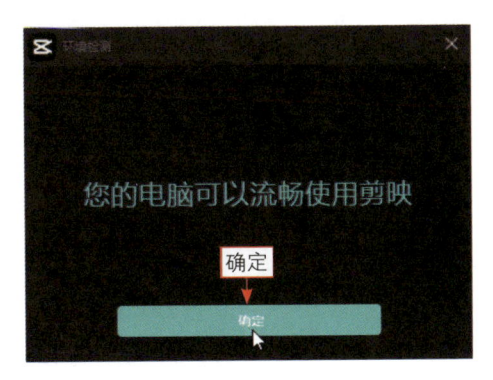　　　　　　　　图 1-5　单击"确定"按钮

步骤06 执行操作后，进入剪映电脑版的"首页"界面，单击"点击登录账户"按钮，如图1-6所示。

步骤07 弹出"登录"对话框，❶选中"已阅读并同意剪映用户协议和剪映隐私政策"复选框；❷单击"通过抖音登录"按钮，如图1-7所示。

图 1-6　单击"点击登录账户"按钮 　　　图 1-7　单击"通过抖音登录"按钮

☆ 专家提醒 ☆

登录剪映电脑版时，请注意：下载时请从官方渠道获取安装包，以防安装恶意软件。在安装过程中，也可根据个人需求更换安装路径。

步骤08 执行操作后，进入抖音登录界面，如图1-8所示，用户可以根据界面提示进行扫码登录或验证码登录。完成登录后，即可返回"首页"界面。

005

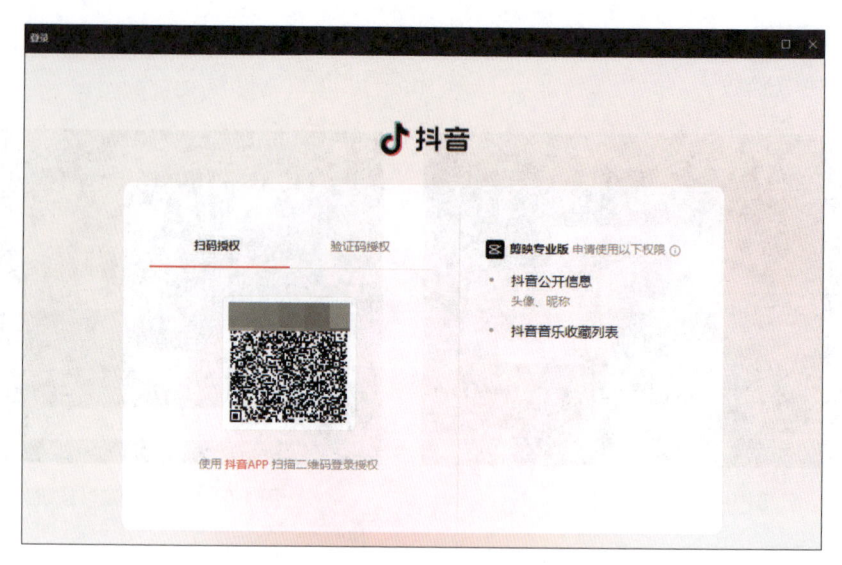

图 1-8 进入抖音登录界面

1.1.2 了解电脑版工作界面

剪映电脑版具备多轨编辑、丰富的素材库、智能辅助、高质量输出、强大的字幕编辑、精准地处理音频等多项强大的功能，提供了简洁明了的操作界面，其首页界面如图1-9所示。

图 1-9 剪映电脑版首页界面

下面对剪映电脑版首页界面中的各主要部分进行相关讲解。

❶ 个人主页：单击 ⇄ 按钮，在弹出的列表框中单击"个人主页"按钮 ↗，即可进入个人主页，用户可以在此查看素材和收藏的内容，以及发布素材。

❷ 模板：单击该按钮，进入"模板"界面，用户可以根据自身需求，选择相应的模板，使用模板进行视频制作。

❸ 云空间：云空间包括"我的云空间"和"小组云空间"两个板块，用户将视频上传至"我的云空间"，可以将视频进行云端备份；而"小组云空间"则是一个专为团队协作设计的功能，可以用于团队协作与共享、存储空间等。

❹ 热门活动：单击该按钮，即可打开"热门活动"界面，用户可以参与各类投稿活动。

❺ 开始创作：这是剪映的主要功能之一，单击该按钮，即可进入创作界面，用户可以开始内容创作。

❻ 功能区：这是剪映电脑版的功能专区，具备丰富的功能，例如"视频翻译""图文成片""智能裁剪""创作脚本"等，单击相应的按钮，即可体验对应的功能。

❼ 草稿区：这是草稿专区，用户剪辑的视频，都会自动保存在此处，但仅限于本地保存，如果用户重新安装该应用或者更换电脑设备登录，将看不到这些本地视频草稿。

1.1.3 通过模板生成视频

剪映电脑版的模板库汇集了海量专业设计，涵盖各类场景与风格，从复古怀旧到现代科技，应有尽有。模板的特点在于其强大的可定制性，用户可根据需求调整细节，让创作更具个性，满足多样化的视频表达需求，效果如图1-10所示。

下面介绍使用剪映模板一键生成视频的操作方法。

步骤01 在剪映电脑版界面左侧的导航栏中，单击"模板"按钮，如图1-11所示。

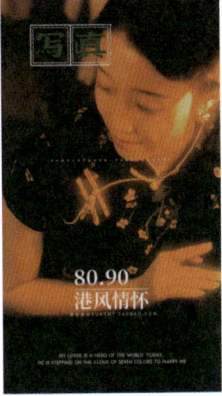

图 1-10 效果展示

步骤02 进入"模板"界面，在上方输入相应的提示词，如图1-12所示。

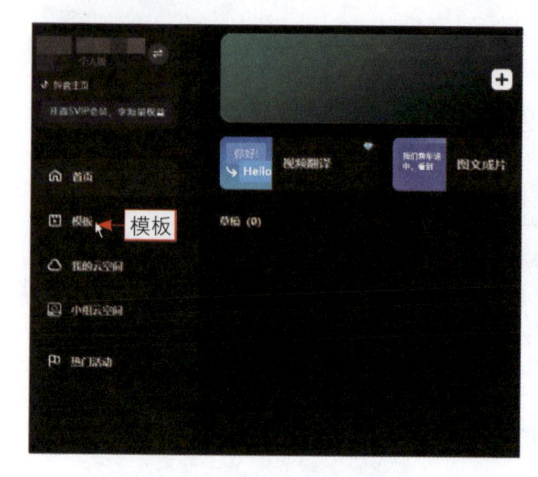

图 1-11　单击"模板"按钮　　　　　图 1-12　输入相应的提示词

步骤03 按"Enter"键搜索相应的模板，执行操作后，单击所选模板下方的"使用模板"按钮，如图1-13所示，稍等片刻，即可进入编辑界面。

步骤04 在时间线面板中，单击"替换"按钮，如图1-14所示。

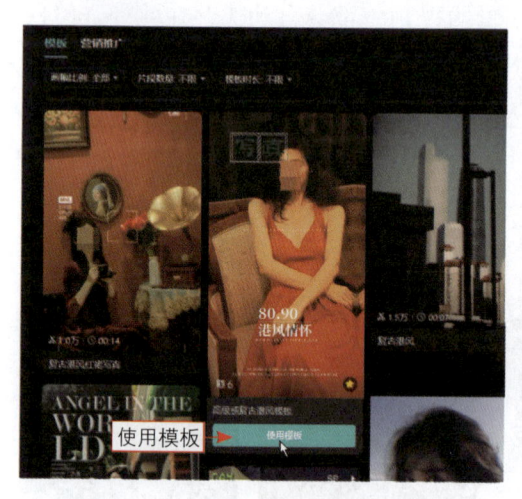

图 1-13　单击"使用模板"按钮　　　　图 1-14　单击"替换"按钮

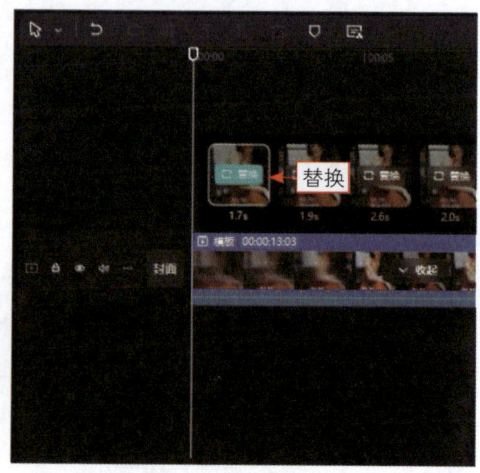

步骤05 弹出"请选择媒体资源"对话框，选择相应的素材，如图1-15所示。

步骤06 单击"打开"按钮，执行操作后，即可将该图片素材替换到片段中，如图1-16所示，同时导入到本地媒体资源库中。

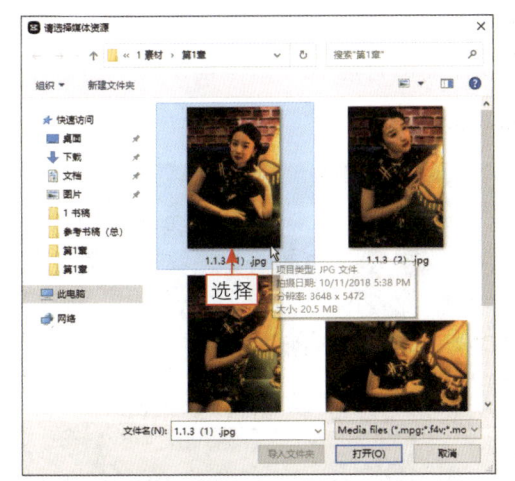

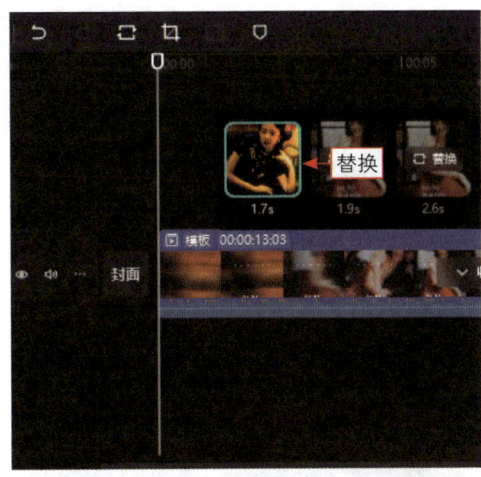

图 1-15 单击"打开"按钮　　　　图 1-16 将图片素材添加到视频轨道

步骤 07 用与上面相同的方法，依次替换其他的视频素材，如图1-17所示。

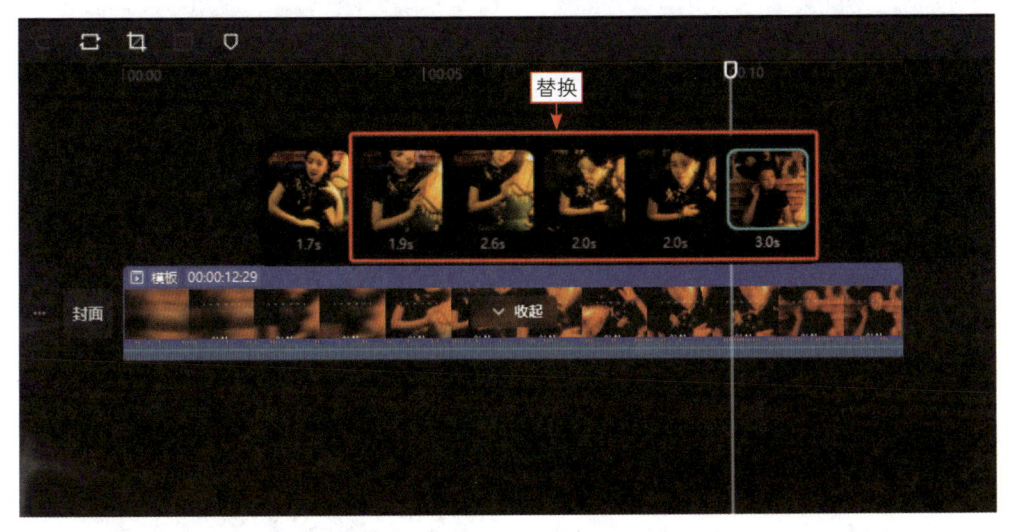

图 1-17 依次替换其他的视频素材

☆ 专家提醒 ☆

在剪映电脑版中套用模板生成视频时，需注意以下几点：首先，仔细挑选与视频内容相符的模板，确保风格统一；其次，预览模板效果，检查模板素材数量等是否满足需求，避免后期大量修改；再次，了解模板中的可编辑元素，如文字、图片、音乐等，以便进行个性化调整；最后，保存前确认视频质量设置，避免导出后画质不佳。遵循这些注意事项，能让视频创作更加高效、满意。

009

步骤08 单击界面右上角的"导出"按钮,如图1-18所示。

步骤09 弹出"导出"对话框,❶修改作品的标题及导出位置;❷单击"导出"按钮,如图1-19所示,即可导出视频。

图 1-18　单击"导出"按钮(1)　　　图 1-19　单击"导出"按钮(2)

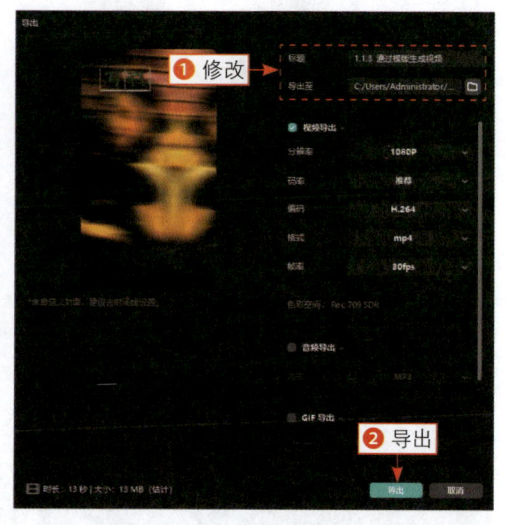

1.1.4　添加素材包生成视频

在剪映电脑版中添加素材包能够快速制作出精美的视频,这些精心设计的素材包,涵盖了节日庆典、旅行风光、时尚潮流等多种主题,内含高质量的视频片段、动画特效、转场效果及背景音乐,完美匹配各种创作需求,效果如图1-20所示。

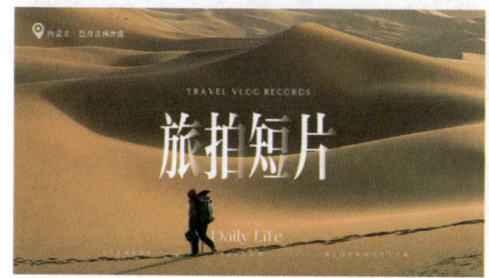

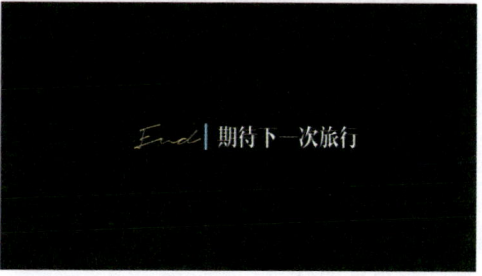

图 1-20　效果展示

下面介绍在剪映电脑版中添加素材包生成视频的操作方法。

第1章　工具一：剪映

步骤 01 打开剪映电脑版，在首页单击"开始创作"按钮，如图1-21所示，开始进行视频的创作。

步骤 02 进入视频创作界面，单击界面左上角的"导入"按钮，如图1-22所示。

图 1-21　单击"开始创作"按钮

步骤 03 弹出"请选择媒体资源"对话框，选择相应的视频素材，如图1-23所示。

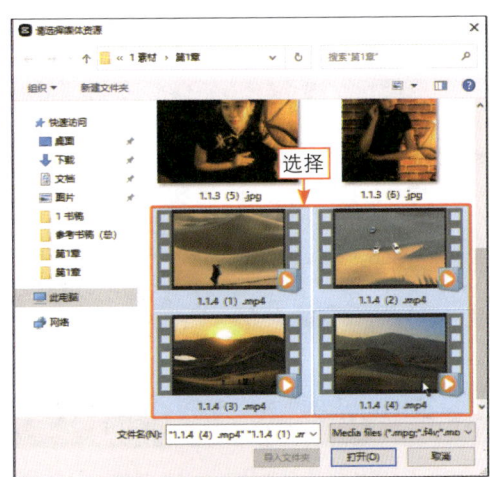

图 1-22　单击"导入"按钮　　　　图 1-23　选择相应的视频素材

☆ **专家提醒** ☆

在剪映电脑版中导入素材时，请确保文件格式兼容（如MP4、MOV等），检查素材质量以防导入后发现素材画面模糊。同时，注意素材命名规范，以便于管理。导入大量素材时，建议分类存放在文件夹中，有序导入，以提高编辑效率。

步骤04 单击"打开"按钮，执行操作后，即可将相应的视频素材导入到本地媒体资源库中，单击第1个素材右下角的"添加到轨道"按钮➕，如图1-24所示。

步骤05 操作完成后，即可把素材添加到视频轨道中，如图1-25所示。

图1-24 单击"添加到轨道"按钮（1）　　图1-25 添加到视频轨道中

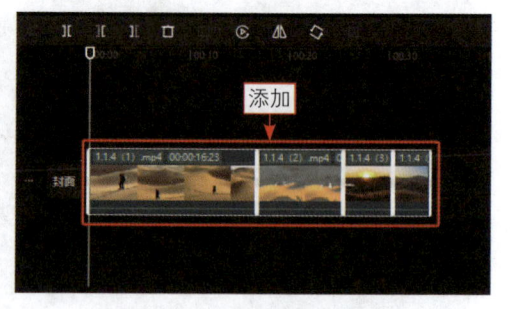

步骤06 拖曳时间线至视频起始位置，在"模板"功能区中单击"素材包"按钮，如图1-26所示，展开"素材包"选项卡。

步骤07 在"片头"选项卡中选择一个合适的素材包，单击该素材包右下方的"添加到轨道"按钮➕，如图1-27所示。

图1-26 单击"素材包"按钮　　图1-27 单击"添加到轨道"按钮（2）

步骤08 执行操作后,如果轨道中添加了相应的素材,就说明素材包添加成功了,如图1-28所示。

步骤09 拖曳时间线至合适的位置,在"片尾"选项卡中选择一个合适的片尾素材包,单击"添加到轨道"按钮➕,如图1-29所示。

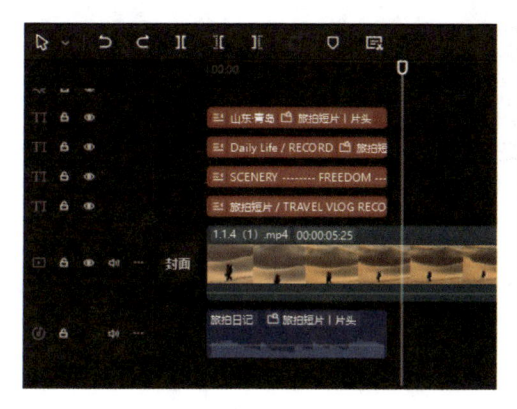

图1-28 片头素材包添加成功 　　　图1-29 单击"添加到轨道"按钮(3)

步骤10 选择轨道中的片头素材包,单击鼠标右键,在弹出的快捷菜单中选择"解除素材包"命令,如图1-30所示,解除素材包的绑定。

步骤11 执行操作后,❶选择需要删除的素材;❷单击轨道上方的"删除"按钮,如图1-31所示,即可将所选的素材删除。

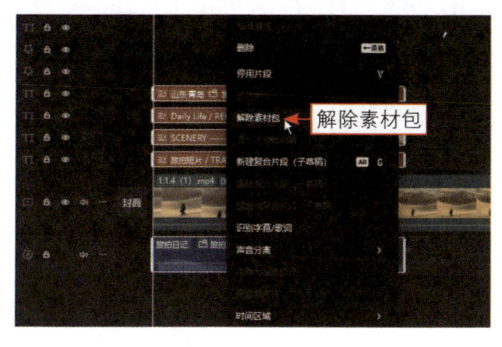

图1-30 选择"解除素材包"命令 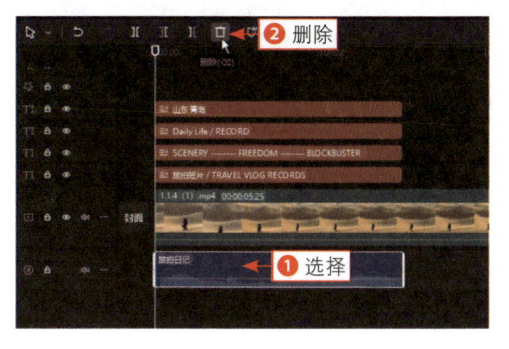　　　图1-31 单击"删除"按钮(1)

步骤12 选择第1段文本,在"文本"操作区的输入框中修改相应的文本信息,如图1-32所示,使文本贴合视频内容。

步骤13 调整相应文本的显示时长,使视频画面更加丰富,如图1-33所示。

图 1-32 修改相应的文本信息　　　　图 1-33 调整相应文本的显示时长

步骤14 用与上面相同的办法，单击"删除"按钮，如图1-34所示，依次删除片尾素材包里面的音频素材与效果素材，使视频达到想要的效果。

步骤15 切换至"转场"选项卡，在每两段素材中间依次添加"穿越Ⅲ""推远Ⅱ"和"推近"转场效果，如图1-35所示，即可使视频之间的过渡更加自然。

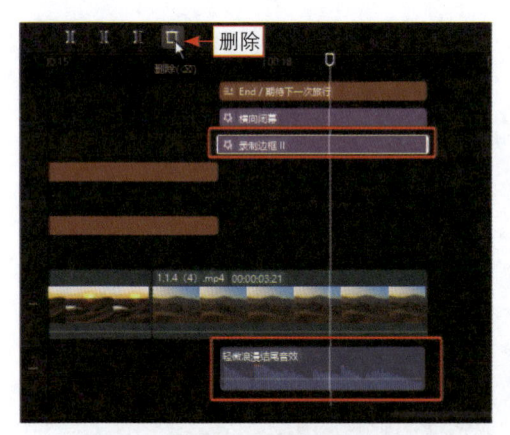

图 1-34 单击"删除"按钮（2）　　　　图 1-35 添加转场效果

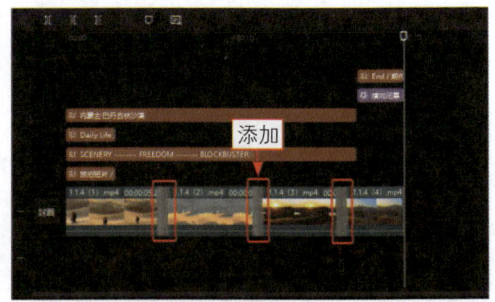

☆ 专家提醒 ☆

在剪映电脑版中添加素材包之后，素材包中的素材通常都是绑定的。为了更好地对某个素材单独进行编辑，用户需要先解除素材包的绑定。

步骤16 ❶单击"音频"按钮；❷输入相应的提示词，如图1-36所示，即可搜索并选择音频文件。

步骤17 拖曳时间线至视频起始位置，单击所选音频右下方的"添加到轨道"按钮 ➕，如图1-37所示，即可将音频添加至轨道中。

图 1-36 输入相应提示词　　　　图 1-37 单击"添加到轨道"按钮（4）

步骤18 ❶拖曳时间线至视频结束位置；❷选择音频素材；❸单击"向右裁剪"按钮，如图1-38所示，即可处理背景音乐，使视频更加完整。

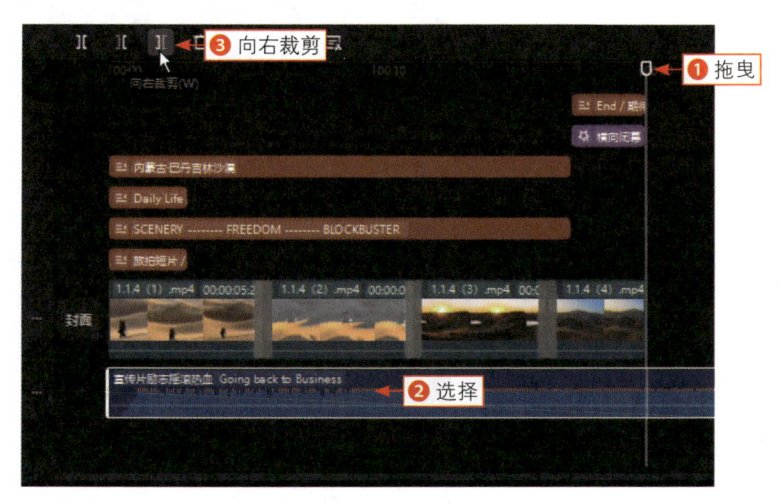

图 1-38 单击"向右裁剪"按钮

1.2 剪映手机版的使用方法

利用剪映手机版（即剪映App）的AI功能，可以使视频创作更加智能便捷。通过"图片玩法"功能，用户可轻松将静态的图片转化为动态的视频；而"AI特效"功能则能自动为视频添加酷炫的视觉效果，提升作品的吸引力。本节展现了剪映手机版的"图片玩法"和"AI特效"两个常用的AI功能。

1.2.1 安装并登录剪映App

剪映App先于剪映电脑版诞生，用户可以随时随地剪辑视频，其玩法功能更加完善，对有手机操作经验的用户来说，学习起来更加轻松易懂。剪映App可以帮助用户对视频进行裁剪、合并以及调整音频等操作，让用户得以更加轻松地编辑和处理自己的视频素材。

下面介绍在手机中安装剪映App的操作方法。

步骤01 在手机桌面点击"应用市场"图标，如图1-39所示。

步骤02 进入"应用市场"界面后，在搜索栏中输入"剪映"，如图1-40所示。

步骤03 点击搜索出的应用右边的"安装"按钮，如图1-41所示。

步骤04 执行操作后，即可完成剪映App的下载与安装，如图1-42所示。

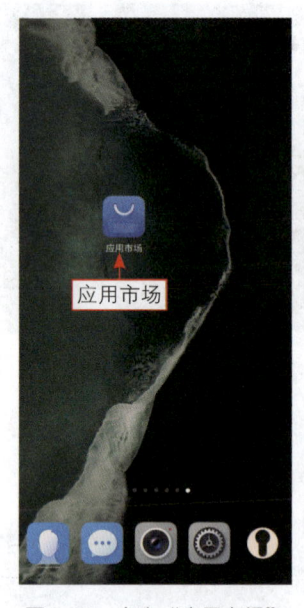

图 1-39 点击"应用市场"图标

图 1-40 输入"剪映"

图 1-41 点击"安装"按钮

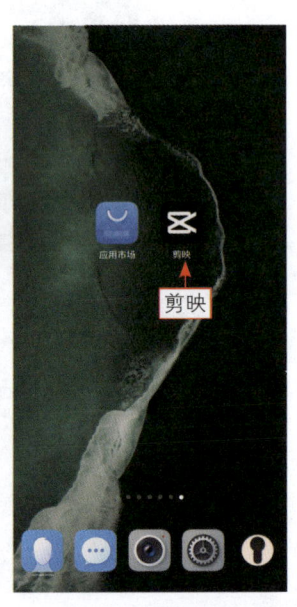

图 1-42 安装完成

1.2.2 了解剪映App的工作界面

打开剪映App，即可进入默认的"剪辑"界面，如图1-43所示。点击底部的"剪同款""消息""我的"按钮，可以切换到对应的功能界面。

▶ 扫码看教程

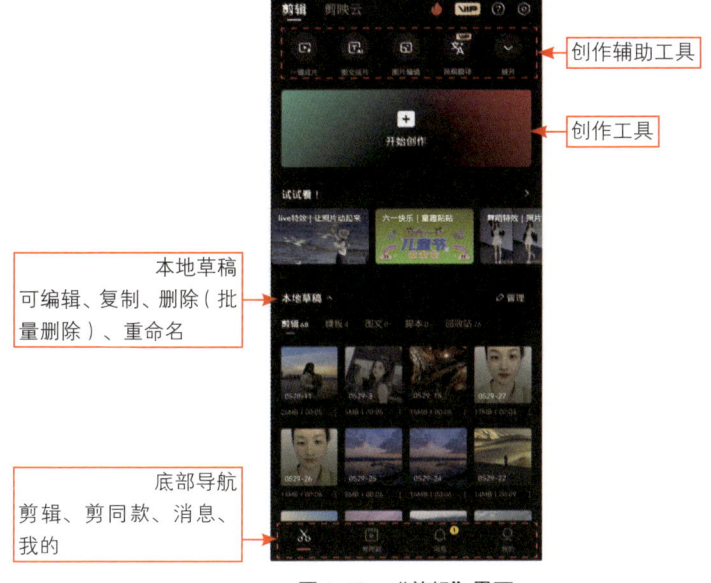

图1-43 "剪辑"界面

标注说明：
- 创作辅助工具
- 创作工具
- 本地草稿：可编辑、复制、删除（批量删除）、重命名
- 底部导航：剪辑、剪同款、消息、我的

（1）"剪同款"界面：包含各种各样的模板，用户可以根据分类选择合适的模板进行套用，也可以搜索自己想要的模板进行套用，如图1-44所示。

（2）"消息"界面：可查看官方的通知及消息、粉丝的评论及点赞提示等。

（3）"我的"界面：展示了个人资料及收藏的模板。

在"剪辑"界面中，点击"开始创作"按钮，进入素材添加界面，选择相应的素材并点击"添加"按钮后，即可进入视频编辑界面，界面组成如图1-45所示。该界面由3个部分组成，分别为预览区域、时间线区域和工具栏区域。

图1-44 "剪同款"界面

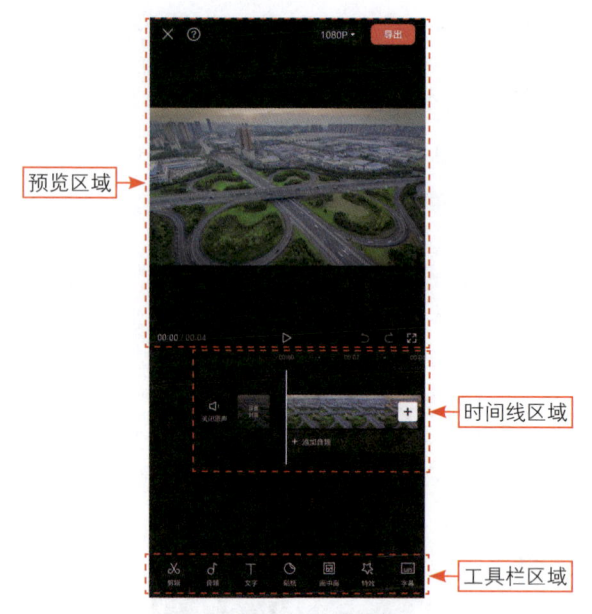

图 1-45 编辑界面的组成

（1）预览区域：在该区域可以实时查看视频的编辑效果，并且会跟随用户所选择的时间线位置发生变化，同时可以在该区域确认视频的剪辑效果。预览区域的相关功能如下。

• 预览区域左下角显示的时间为00:00/00:04，表示当前时间线所在的时间刻度为00:00，00:04为视频的总时长。

• 点击撤销按钮，即可撤销上一步操作；点击恢复按钮，即可恢复撤销的操作；点击播放按钮，即可播放视频；点击预览区域右下角的按钮，即可全屏预览视频效果。

（2）时间线区域：在使用剪映进行视频后期剪辑时，多数操作都是在时间线区域中完成的，该区域包含3个元素，分别是轨道、时间线和时间刻度。当需要裁剪素材长度或者为素材添加各种效果时，就需要协调运用这3大元素来准确控制裁剪和添加效果的范围。

（3）工具栏区域：剪映编辑界面的底部为工具栏，在没有选中任何素材的情况下，显示一级工具栏，点击相应的按钮，即可显示二级工具栏。用户需要注意的是，选中不同轨道中的素材，剪映的工具栏也会不同，即变成与所选轨道中的素材相匹配的工具栏。选中视频素材时的工具栏如图1-46所示，选中音频素材时的工具栏如图1-47所示。

图 1-46 选中视频素材时的工具栏 　　　　图 1-47 选中音频素材时的工具栏

1.2.3 使用"图片玩法"制作视频

剪映App的"图片玩法"功能特色鲜明，通过智能识别与创意模板，用户可以一键将平凡的照片转化为动感十足的短视频。操作简单快捷，即便是视频制作新手也能快速上手，轻松创作出令人眼前一亮的视频作品，效果如图1-48所示。

图 1-48 原图与效果图对比

下面介绍在剪映App中使用"图片玩法"功能的操作方法。

步骤01 ❶ 在剪映App中导入素材；❷ 调整素材时长；❸ 点击"特效"按钮，如图1-49所示。

步骤02 在弹出的二级工具栏中点击"图片玩法"按钮，如图1-50所示。

图 1-49　点击"特效"按钮　　图 1-50　点击"图片玩法"按钮

步骤03 弹出"图片玩法"面板，❶ 切换至"运镜"选项卡；❷ 选择"花火大会"选项；❸ 弹出生成效果进度提示，如图1-51所示。生成的时间较长，用户需要耐心等待。

步骤04 稍等片刻，即可生成视频，效果如图1-52所示。

图 1-51　弹出生成效果进度提示　　图 1-52　生成视频

步骤 05 返回到一级工具栏，❶拖曳时间线至视频的起始位置；❷依次点击"音频"按钮和"音乐"按钮，如图1-53所示。

步骤 06 进入"音乐"界面，❶切换至"收藏"选项卡；❷点击所选音乐右侧的"使用"按钮，如图1-54所示，添加背景音乐。

图 1-53 点击"音乐"按钮　　图 1-54 点击"使用"按钮

步骤 07 ❶选择音频素材；❷在视频末尾位置点击"分割"按钮，如图1-55所示。

步骤 08 分割音频之后，点击"删除"按钮，如图1-56所示，删除多余的音频。

图 1-55 点击"分割"按钮　　图 1-56 点击"删除"按钮

1.2.4 使用"AI特效"制作视频

剪映的"AI特效"功能与即梦AI的"图生图"功能类似，都利用了人工智能技术来增强和简化图像的编辑过程，用户只需上传一张参考图，即可用AI制作出各种图片效果，帮助用户轻松实现创意构想，原图与效果图对比如图1-57所示。

▶扫码看教程　▶扫码看效果

图 1-57　原图与效果图对比

下面介绍在剪映App中使用"AI特效"功能的操作方法。

步骤01 ❶在剪映App中导入素材；❷点击"特效"按钮，如图1-58所示。

步骤02 在弹出的二级工具栏中点击"AI特效"按钮，如图1-59所示。

步骤03 ❶切换至"自定义"选项卡；❷选择"自定义"选项卡中的3D模板；❸输入相应的描述词；❹点击"生成"按钮，如图1-60所示。

图 1-58　点击"特效"按钮　　图 1-59　点击"AI特效"按钮

步骤 04 弹出"效果预览"面板，❶选择合适的选项；❷点击"应用"按钮，如图1-61所示，实现以图生图。

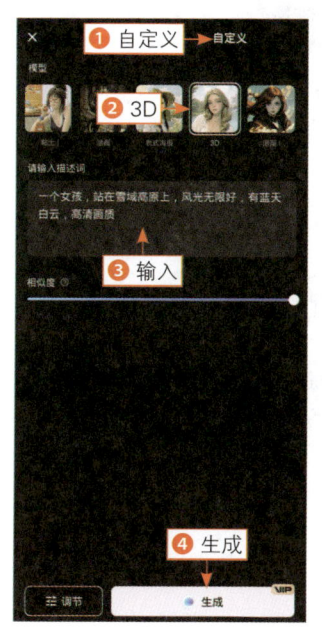

图 1-60 点击"生成"按钮

图 1-61 点击"应用"按钮

1.2.5 使用"图文成片"制作视频

使用剪映的"图文成片"功能，用户可以将静态的图片和文字转化为动态的视频，从而吸引更多观众的注意力，并提升内容的表现力。"图文成片"功能不仅简化了视频制作流程，还为用户提供了丰富的创意空间，让他们能够以全新的方式分享信息和故事，效果如图1-62所示。

▶扫码看教程　▶扫码看效果

图 1-62 效果展示

下面介绍在剪映App中使用"图文成片"功能的操作方法。

步骤01 在"剪辑"界面中，点击"图文成片"按钮，如图1-63所示。

步骤02 执行操作后，进入"图文成片"界面，在"智能文案"选项区中选择"美食教程"选项，如图1-64所示。

步骤03 执行操作后，进入"美食教程"界面，❶输入相应的美食名称和美食做法；❷选择合适的视频时长；❸点击"生成文案"按钮，如图1-65所示。

步骤04 执行操作后，进入"确认文案"界面，显示AI生成的文案内容，点击"生成视频"按钮，如图1-66所示。

步骤05 弹出"请选择成片方式"面板，选择"智能匹配素材"选项，如图1-67所示。

步骤06 执行操作后，即可自动合成视频，效果如图1-68所示。

图 1-63　点击"图文成片"按钮　　图 1-64　选择"美食教程"选项

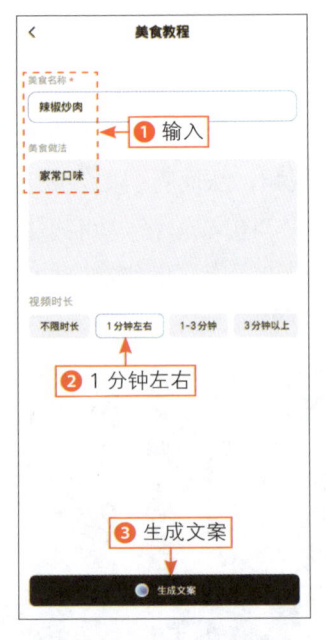

图 1-65　点击"生成文案"按钮　　图 1-66　点击"生成视频"按钮

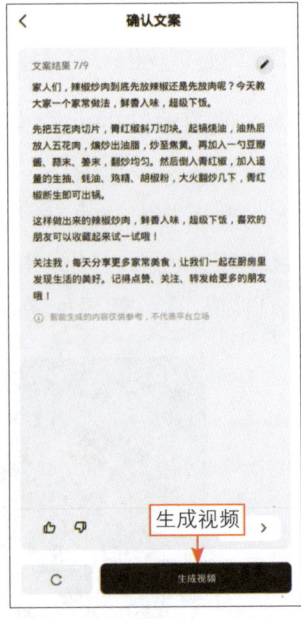

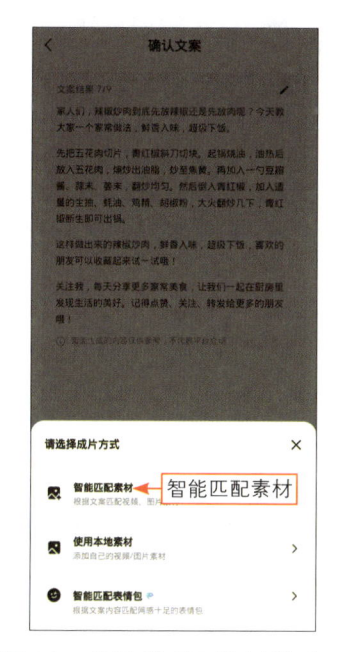

图 1-67 选择"智能匹配素材"选项　　　图 1-68 自动合成视频

— 本章小结 —

本章详细介绍了剪映电脑版与手机版（剪映App）的使用方法，包括安装、登录与熟悉工作界面，以及利用模板、素材包等高效生成视频。同时，手机版特有的"图片玩法""AI特效""图文成片"功能，为视频创作提供了更多创意与便利。学习本章内容后，读者将掌握剪映的基本操作与高级技巧，无论是专业剪辑还是日常分享，都能轻松制作出高质量的视频作品，提升个人创作能力与效率。

02

▶ 第 2 章

工具二：即梦 AI

　　本章将深入探索即梦AI电脑版与手机版的全面操作指南。通过详尽的步骤介绍，用户将学会如何在电脑端完成从登录到高级编辑的每一步操作，包括视频生成、运镜控制、动效添加以及视频后期处理等多项功能。同时，针对移动端用户，本章也将解析即梦AI手机版的安装与登录、界面布局及特色功能，确保每位用户都能轻松上手，随时随地享受AI创作的乐趣。

2.1 即梦 AI 网页版的操作方法

即梦AI电脑版是一款功能强大的视频创作工具，集成了文生视频、图生视频等AI驱动的创新功能。本节介绍即梦AI从简单设置到高级动效的各种功能，包括文生视频、图生视频、运镜控制、运动速度设置、基础设置、动效设置、生成次数设置、延长视频、对口型、视频补帧、提升分辨率以及AI配乐共12种功能，确保视频内容的专业度与观赏性。

2.1.1 登录即梦AI网页版

登录即梦AI有两种方法，如果用户有抖音账号，就可以打开手机中的抖音App，然后扫码授权登录即梦AI平台；用户也可以使用手机号验证授权登录即梦AI平台。下面介绍使用抖音扫码登录即梦AI的操作步骤。

▶扫码看教程

步骤01 在电脑中打开相应的浏览器，进入即梦AI的官方网站，如图2-1所示。

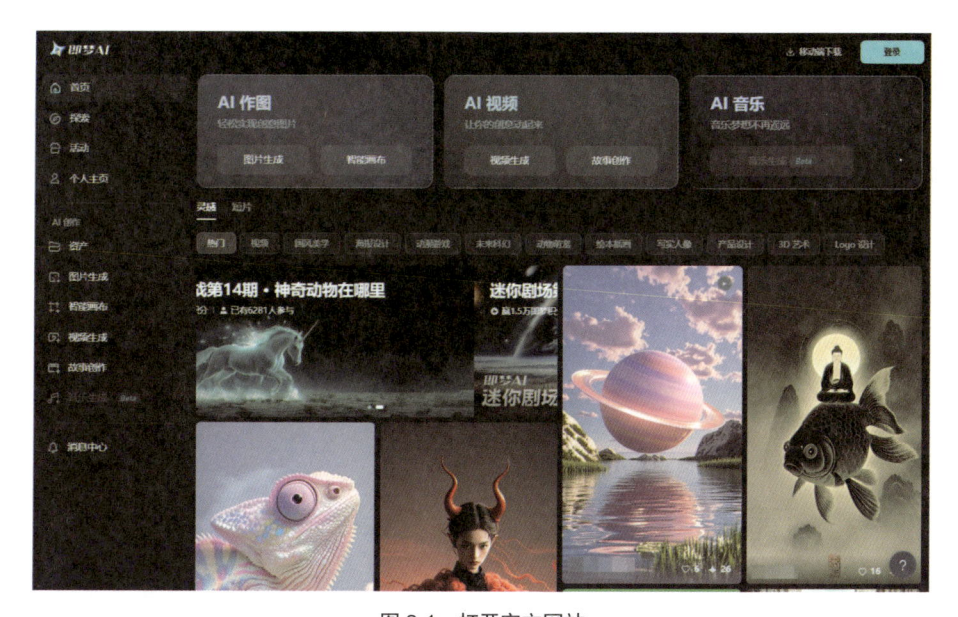

图2-1 打开官方网站

☆ 专家提醒 ☆

如果用户没有抖音账号，可以在手机应用商店中下载抖音App，然后通过手机号码注册、登录，再打开抖音App界面，点击左上角的≡按钮，在弹出的列表框中点击"扫一扫"按钮，即可进入扫一扫页面。

步骤02 在网页的右上角，单击"登录"按钮，进入相应的页面，❶选中相关的协议复选框；❷单击"登录"按钮，如图2-2所示。

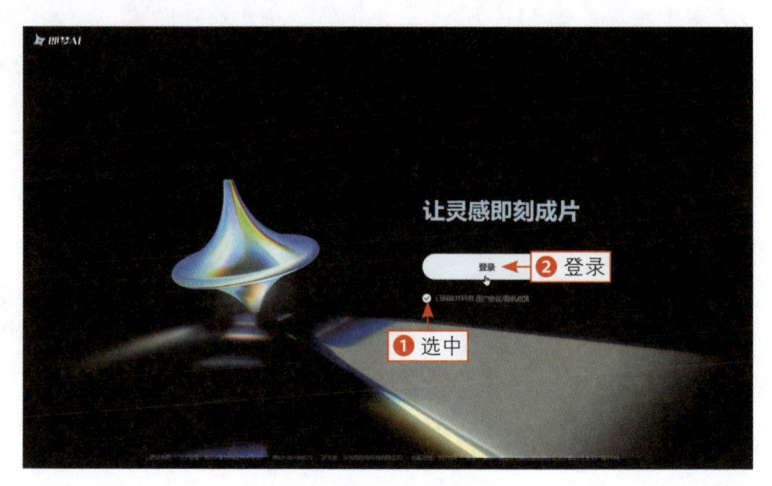

图 2-2 单击"登录"按钮

步骤03 弹出抖音授权登录窗口，进入"扫码授权"选项卡，打开手机上的抖音App，然后用手机扫描窗口中的二维码，如图2-3所示。

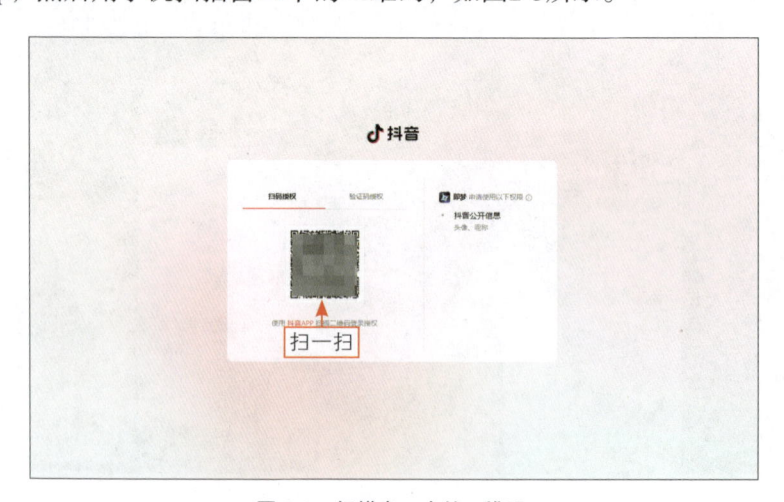

图 2-3 扫描窗口中的二维码

步骤04 执行操作后，在手机上同意授权，即可登录即梦AI，右上角显示了抖音账号的头像，表示登录成功，如图2-4所示。

图 2-4　右侧显示了抖音账号的头像

2.1.2　即梦AI网页版的页面介绍

在使用即梦AI进行AI创作之前，还需要掌握即梦AI页面中的各功能模块，了解相应的操作功能，可以使AI创作更加高效。在"即梦AI"页面中，包括"常用功能""AI作图""AI视频"等板块，以及社区作品欣赏区域，如图2-5所示。

图 2-5　认识"即梦AI"页面

下面对"即梦AI"页面中的各主要功能进行相关讲解。

❶ 常用功能：在"即梦AI"左侧导航栏中，包括"探索""活动""图片生成""智能画布""视频生成""故事创作""音乐生成"等多种常用功能，

选择相应的选项，即可跳转到对应的页面。

❷ AI作图：在该选项区中，包括"图片生成"与"智能画布"两个按钮，单击相应的按钮，可以生成AI绘画作品。

❸ AI视频：在该选项区中，包括"视频生成"与"故事创作"两个按钮，单击相应的按钮，可以生成AI视频作品。

❹ AI音乐：该功能可以根据用户偏好自动生成个性化的音乐作品，包括人声歌曲和纯音乐的制作，支持情境定制与即兴创作。

❺ 社区作品：在该区域中，包括"灵感"和"短片"两个选项卡，其中展示了其他用户创作和分享的AI作品，单击相应作品可以放大预览。

☆ 专家提醒 ☆

尽管即梦AI的视频生成技术相较于AI图片生成兴起的时间较短，但它在这一领域的发展迅速。虽然即梦AI与一些先驱产品如Sora相比可能还有差距，但已经展现出了不俗的潜力和效果。根据用户反馈和媒体报道，即梦AI在提供便捷的AI创作体验方面得到了一定的认可，尽管在某些细节处理上还有提升空间，如人体动作的模拟、面部表情的细腻度等，随着技术的不断进步和应用场景的不断拓展，即梦AI的功能和应用场景也将不断扩展和完善，这意味着即梦AI的未来充满了无限可能和潜力。

2.1.3 使用文生视频功能

即梦AI的文生视频功能凭借其卓越的自然语言理解能力，能够将抽象的文字描述精准转化为生动具体的视频场景，无须烦琐的拍摄与剪辑，即可实现创意可视化。其优点在于高效快捷、创意无限，无论是情感故事、产品展示还是知识普及，都能以视频的形式触动人心，极大地拓宽了内容创作与传播的边界，效果如图2-6所示。

图2-6 效果展示

下面介绍在即梦AI中使用文生视频功能的操作方法。

步骤01 进入即梦AI的官网首页，在"AI视频"选项区中，单击"视频生成"按钮，如图2-7所示。

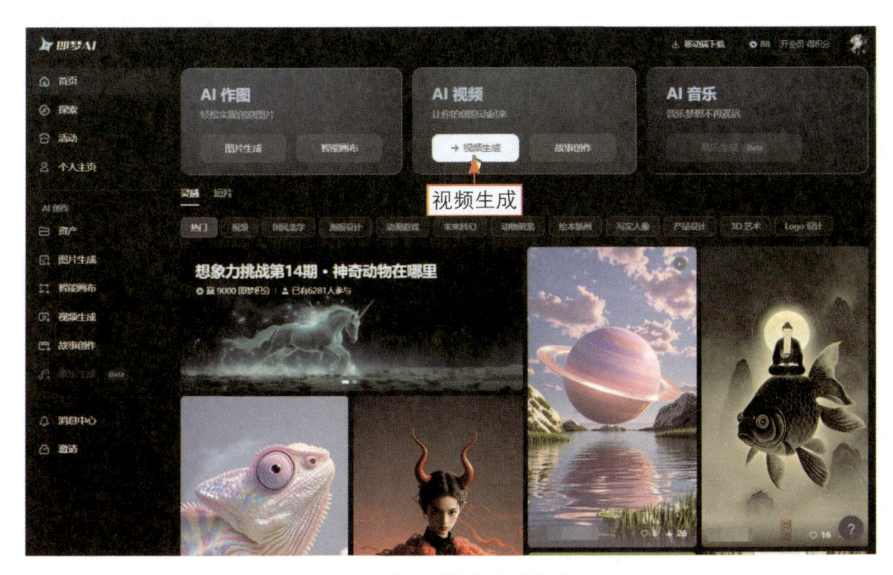

图2-7　单击"视频生成"按钮

步骤02 执行操作后，进入"视频生成"页面，在"文本生视频"选项卡中输入相应的提示词，用于指导AI生成特定的视频，如图2-8所示。

步骤03 单击"生成视频"按钮，即可开始生成视频，并显示生成进度。稍等片刻，即可生成相应的视频，效果如图2-9所示。

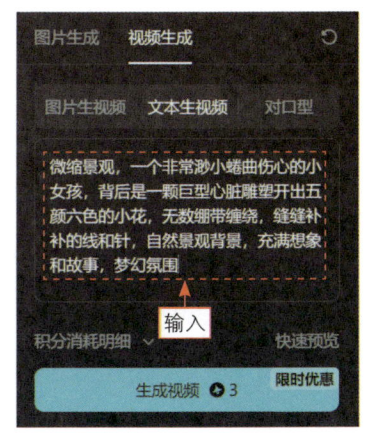

图2-8　输入相应的提示词　　　　图2-9　生成相应的视频

031

2.1.4 使用图生视频功能

使用即梦AI的图生视频功能，能够为静态的图像瞬间赋予生命。其优点在于，无须复杂的拍摄技巧，仅凭一两张图片即可自动生成高质量的视频，既节省了时间与成本，又激发了无限创意可能，是视觉表达领域的革命性突破，效果如图2-10所示。

▶扫码看教程　▶扫码看效果

图 2-10　效果展示

下面介绍在即梦AI中使用图生视频功能的操作方法。

步骤01 进入"视频生成"页面，在"图片生视频"选项卡中单击"上传图片"按钮，如图2-11所示。

步骤02 执行操作后，弹出"打开"对话框，选择相应的参考图，如图2-12所示。

步骤03 单击"打开"按钮，即可上传参考图，如图2-13所示。

步骤04 单击"生成视频"按钮，即可开始生成视频，并显示生成进度。稍等片刻，即可生成相应的视频，效果如图2-14所示。

☆ 专家提醒 ☆

使用即梦AI图生视频的"使用尾帧"功能，可以独具匠心地将两张静态的图片连接成生动的视频。它智能地分析图片间的关系，无缝衔接成流畅的故事，让每一帧都跃动生命。使用时，务必精选图片序列，确保情节连贯，情感递进。注意检查最终作品，确保故事完整，情感饱满，方能展现图生视频的独特魅力。

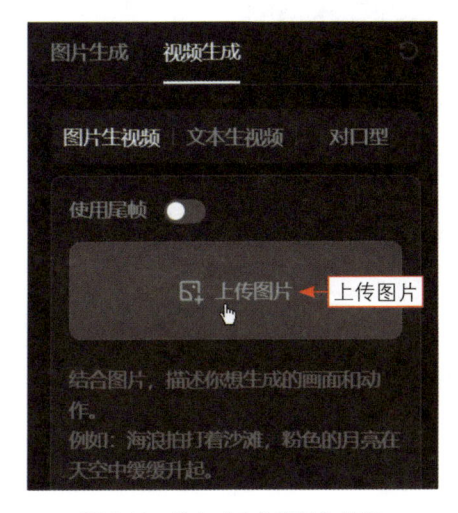

图 2-11　单击"上传图片"按钮

图 2-12　选择相应的参考图

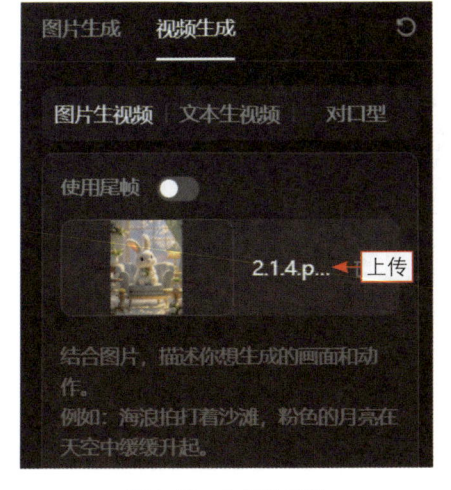

图 2-13　上传参考图

图 2-14　生成相应的视频

2.1.5　使用"运镜控制"功能

通过精细地调控镜头的运动，AI能够精准捕捉每一个情感转折点，使视频情节更加引人入胜。调整运镜不仅增强了视觉冲击力，还赋予了画面动态美感，让观众仿佛置身其中，与故事中的主人公同呼吸共命运。这一功能极大地提升了视频创作的艺术性与感染力,让创意表达更加自由、流畅,效果如图2-15所示。

图 2-15　效果展示

下面介绍使用即梦AI调整"运镜控制"生成视频的操作方法。

步骤01 进入"视频生成"页面,在"文本生视频"选项卡中输入相应的提示词,用于指导AI生成特定的视频,如图2-16所示。

步骤02 ❶单击"运镜控制"|"随机运镜";❷在弹出的"运镜控制"面板中,单击"变焦"右侧的 🔍 按钮;❸单击"应用"按钮,如图2-17所示,使镜头逐渐靠近被摄对象。

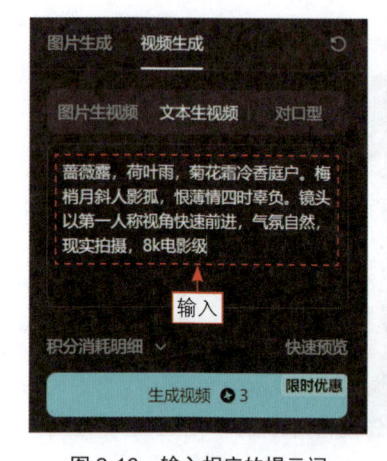

图 2-16　输入相应的提示词　　　　图 2-17　单击"应用"按钮

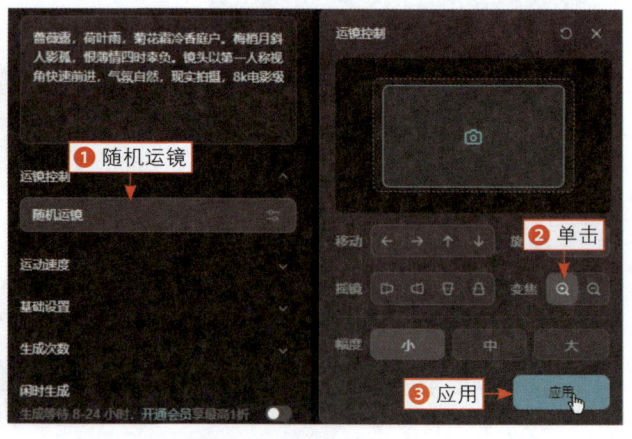

☆ 专家提醒 ☆

使用即梦AI调整"运镜控制"功能生成视频,特点在于其智能灵活的镜头调度。AI能精准捕捉画面情感,通过细腻的运镜手法,如推拉摇移、跟随聚焦等,增强视频的叙事张力和视觉吸引力。注意事项包括:需要根据视频内容选择合适的运镜模式,保持镜头运动与情节发展协调;注意运镜的平稳与流畅,避免突兀的变化影响观感。善用即梦AI的运镜控制,可以为视频创作增添艺术魅力。

步骤 03 单击"生成视频"按钮,即可开始生成视频,并显示生成进度。稍等片刻,即可生成相应的视频,效果如图2-18所示。

图 2-18　生成相应的视频

2.1.6　使用"运动速度"功能

使用即梦AI设置运动速度生成视频,极大地提升了视频创作的灵活性与表现力。通过精准地调控运动快慢,不仅能轻松捕捉瞬间精华,以慢动作展现细节之美,还能加速场景流转,营造紧张氛围或展现时间流逝的壮丽,效果如图2-19所示。

图 2-19　效果展示

下面介绍在即梦AI中设置视频运动速度生成视频的操作方法。

步骤01 在"视频生成"|"图片生视频"选项卡中，上传相应的参考图，如图2-20所示。

步骤02 在文本框中输入相应的提示词，用于指导AI生成特定的视频，如图2-21所示。

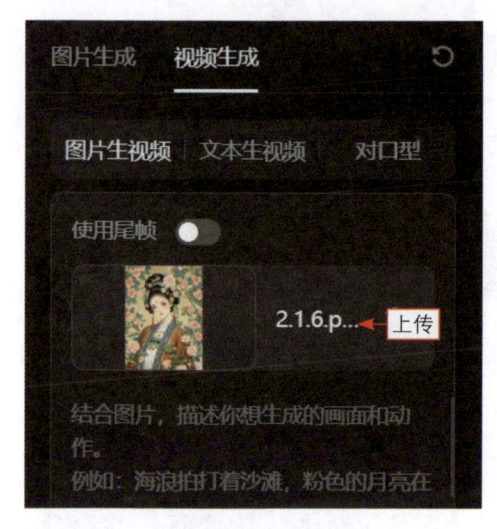

图 2-20　上传参考图　　　　　图 2-21　输入相应的提示词

步骤03 在下方设置"运动速度"为"快速"，如图2-22所示，使生成的视频中的物体运动速度变快。

步骤04 单击"生成视频"按钮，即可开始生成视频，并显示生成进度。稍等片刻，即可生成相应的视频，效果如图2-23所示。

图 2-22　设置运动速度　　　　　图 2-23　生成相应的视频

2.1.7 使用"基础设置"功能

在即梦AI中可以设置生成模式、生成时长及视频比例。用户可根据需求灵活设置相应的参数,无论是生成快速流畅的视频,还是不同时长的视频,抑或是不同比例的视频,即梦AI都能精准生成,高效产出。这一特点极大地提升了创作效率与灵活性,让视频内容的创作不再受限于时间框架,效果如图2-24所示。

图 2-24 效果展示

下面介绍在即梦AI的基础设置中改变生成时长的操作方法。

步骤01 进入"视频生成"页面,在"文本生视频"选项卡中输入相应的提示词,用于指导AI生成特定的视频,如图2-25所示。

步骤02 展开"基础设置"选项区,设置"生成时长"为6s,如图2-26所示。

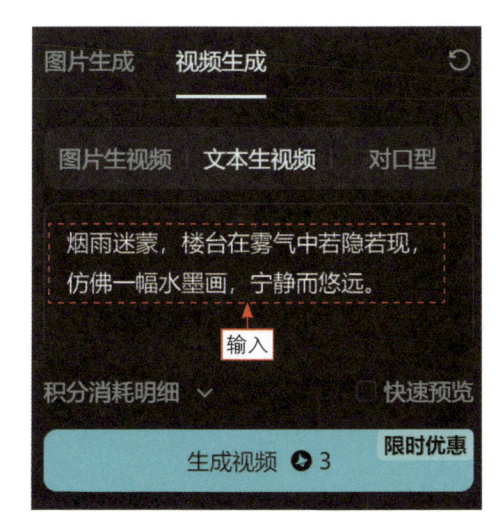

图 2-25 输入相应的提示词　　图 2-26 设置生成时长

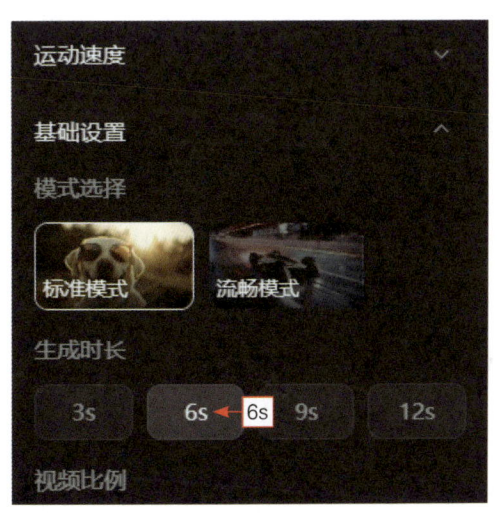

步骤03 单击"生成视频"按钮,即可开始生成视频,并显示生成进度。稍等片刻,即可生成相应的视频,效果如图2-27所示。

图 2-27　生成相应的视频效果

2.1.8　使用"动效画板"功能

即梦AI的动效画板,为视频创作开启了全新的运动轨迹设定维度。通过直观、易用的界面,用户能够精确控制元素的移动路径、速度与加速度,实现自然流畅的动画效果,轻松制作出高级大片效果。这一功能不仅简化了设计复杂运动的步骤,还赋予了视频前所未有的动态生命力,效果如图2-28所示。

图 2-28　效果展示

下面介绍在即梦AI中使用动效画板的操作方法。

步骤01 进入"视频生成"页面,在"图片生视频"选项卡中上传相应的图片，如图2-29所示。

步骤02 单击"动效画板"|"点击设置"按钮，如图2-30所示。

图 2-29　上传相应的图片

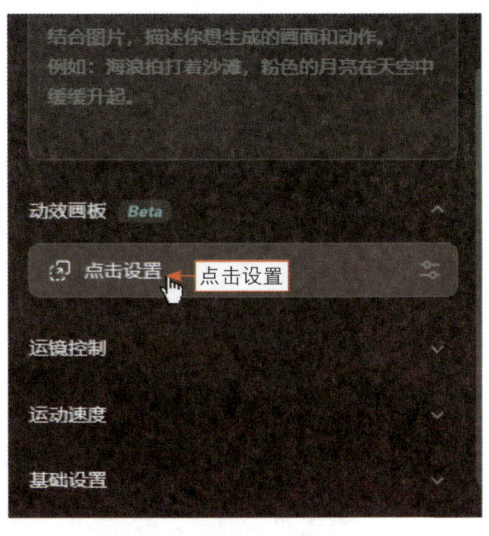

图 2-30　单击"点击设置"按钮

步骤03 弹出"动效画板"面板，自动分割画面完成后，❶单击所选主体；❷弹出浮动工具栏，如图2-31所示。

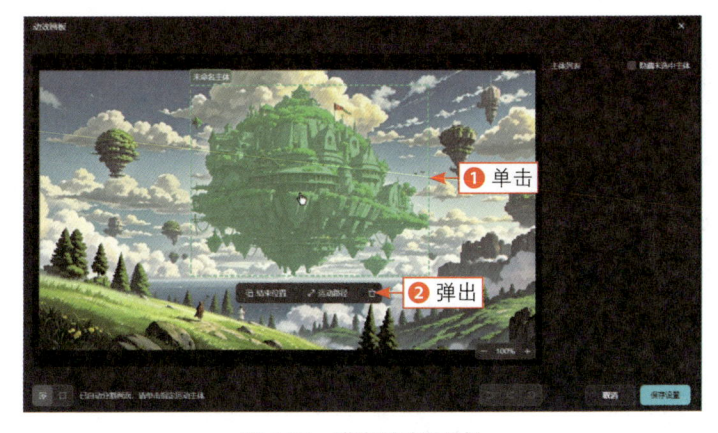

图 2-31　弹出浮动工具栏

☆ 专家提醒 ☆

使用即梦AI设置动效画板生成视频，特点在于其智能识别与精准操控能力。通过设置主体运动路线，AI能自动规划流畅的运动轨迹，让视频主角或关键元素按预设路径穿梭于场景之中，增强视觉冲击力与叙事性。

注意事项包括：明确主体的起点与终点，确保路线合理；调整速度曲线，匹配情感节奏；注意与其他元素的互动，避免遮挡或发生冲突。

步骤04 ❶单击"结束位置"按钮，此时主体为选中状态；❷适当调整主体对象的大小和位置；❸单击"保存设置"按钮，如图2-32所示，即可设置所选主体的运动轨迹，使AI生成相应的视频效果。

图 2-32　单击"保存设置"按钮

步骤05 单击"生成视频"按钮，即可开始生成视频，并显示生成进度。稍等片刻，即可生成相应的视频，效果如图2-33所示。

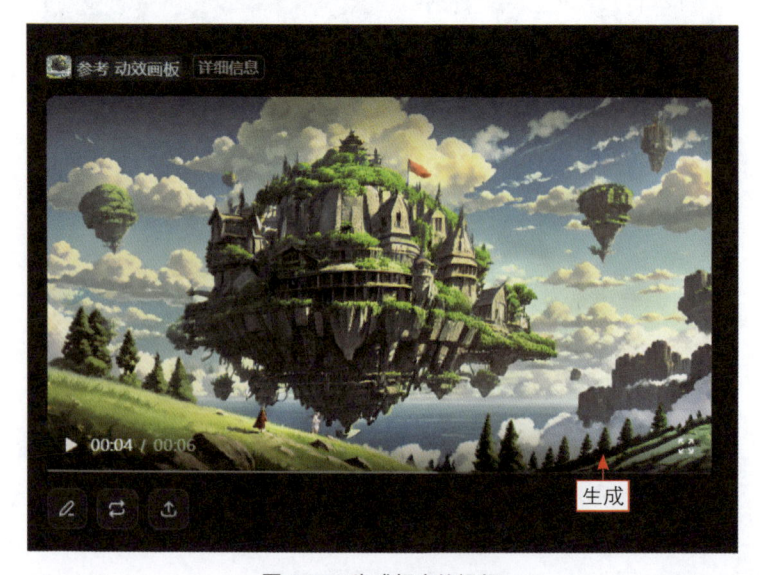

图 2-33　生成相应的视频

2.1.9 使用"生成次数"功能

在即梦AI中设置生成次数,用户能够一次性高效产出多个创意视频,极大地提升了内容创作效率与产能。这一特性尤为突出,在于它打破了传统视频制作逐一处理的局限,让创意不再受限于时间与数量。无论是营销活动的批量素材准备,还是个人创作的灵感,都能在短时间内迅速转化为多样的视频内容,效果如图2-34所示。

图 2-34 效果展示

下面介绍在即梦AI中设置生成次数的操作方法。

步骤01 进入"视频生成"页面,在"文本生视频"选项卡中输入相应的提示词,用于指导AI生成特定的视频,如图2-35所示。

步骤02 设置"生成次数"为2,如图2-36所示。

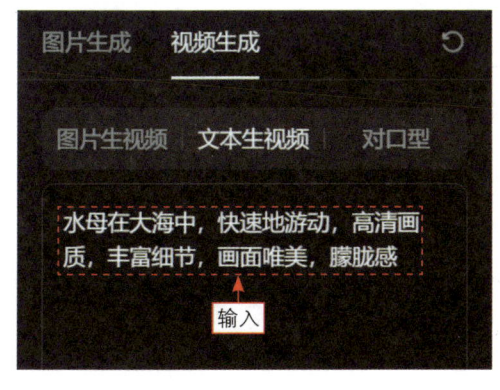

图 2-35 输入相应的提示词　　图 2-36 设置生成次数

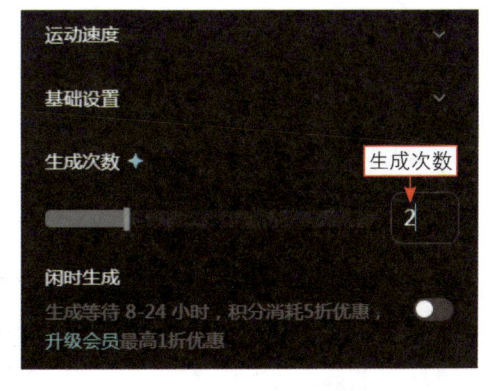

☆ 专家提醒 ☆

即梦AI的"生成次数"是会员功能,需要充值会员才能使用。

步骤03 单击"生成视频"按钮,即可开始生成视频,并显示生成进度,稍等片刻，即可生成相应数量的视频，效果如图2-37所示。

步骤04 单击所选效果右上角的"下载"按钮，即可下载所选的视频，如图2-38所示。

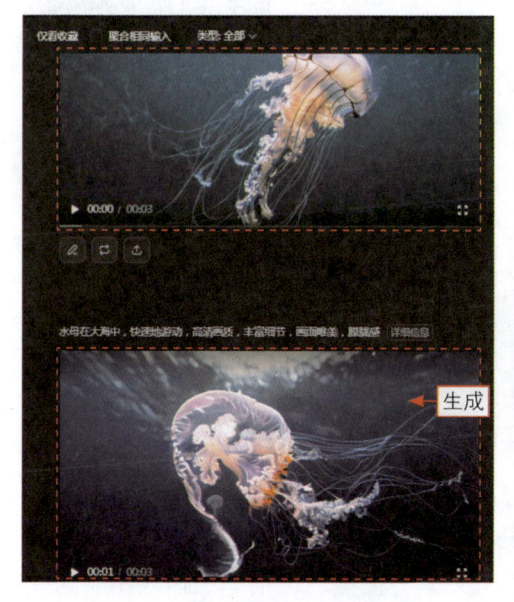

图 2-37　生成相应数量的视频效果　　　　　图 2-38　下载相应的视频

2.1.10　使用延长视频功能

使用即梦AI的延长视频功能不仅可以智能分析视频内容，无缝衔接关键帧，还能在保持场景连贯性的同时，巧妙添加过渡效果与细节，让视频时长倍增而质量不减。这一功能无须复杂的编辑操作，即可快速生成引人入胜的长视频作品，是内容创作者提升作品吸引力和传播力的得力助手，效果如图2-39所示。

图 2-39　效果展示

下面介绍在即梦AI中将视频的时间延长3秒的操作方法。

步骤01 进入"视频生成"页面，在"文本生视频"选项卡输入相应的提示词，用于指导AI生成特定的视频，如图2-40所示。

步骤02 单击"生成视频"按钮，即可生成相应的视频效果，单击下方的"视频延长"按钮，如图2-41所示。

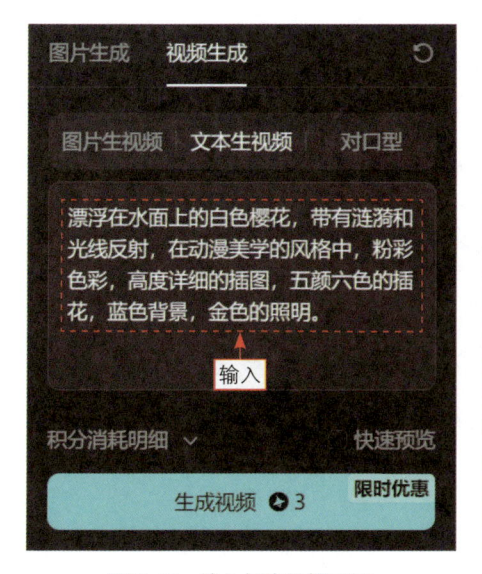

图 2-40　输入相应的提示词　　　　图 2-41　单击"视频延长"按钮

步骤03 弹出"视频延长"对话框，在其中设置"延长秒数"为3s，即可生成一段时长为6秒的视频（原视频时长为3秒），如图2-42所示。

步骤04 单击"生成视频"按钮，即可开始生成视频，并显示生成进度。稍等片刻，即可生成6秒的视频，效果如图2-43所示。

图 2-42　设置延长秒数　　　　图 2-43　生成 6 秒的视频

2.1.11 使用"对口型"功能

即梦AI的"对口型"功能可以精准识别音频节奏与情感，自动匹配人物口型动作，让视频角色仿佛亲自演唱或对话，效果逼真自然。这一功能不仅节省了烦琐的后期制作时间，还极大地提升了视频的趣味性和互动性，让观众享受前所未有的沉浸式体验，效果如图2-44所示。

图 2-44 效果展示

下面介绍在即梦AI中使用"对口型"功能的操作方法。

步骤01 在"视频生成"|"图片生视频"中上传相应的图片，如图2-45所示。

步骤02 单击"生成视频"按钮，生成相应的视频效果，单击视频下方的"对口型"按钮，如图2-46所示。

图 2-45 上传相应的图片　　图 2-46 单击"对口型"按钮

第 2 章　工具二：即梦 AI

步骤 03　在页面左侧的"对口型"面板中自动上传角色形象，在"文本朗读"文本框中输入相应的文本内容，如图2-47所示。

步骤 04　单击 按钮，在弹出的"朗读音色"面板中选择"魅力姐姐"音色效果，如图2-48所示。

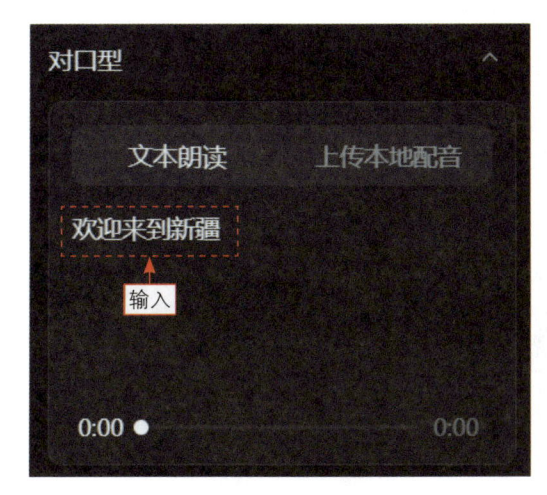

图 2-47　输入相应的文本内容

图 2-48　选择相应的音色效果

步骤 05　单击"生成视频"按钮，即可为视频中的人物生成相应的音色，且与人物的口型匹配，视频长度会随着配音的长度自动调整。稍等片刻，即可生成对口型视频，效果如图2-49所示。

图 2-49　生成对口型视频

045

2.1.12 使用"视频补帧"功能

即梦AI的"视频补帧"功能可以让原本流畅度有限的视频焕发新生。这一技术通过智能算法预测并插入缺失帧,显著提升视频播放的连贯性与细腻度。补帧后的视频,动作更加流畅自然,细节展现更为丰富,效果如图2-50所示。

图 2-50 效果展示

下面介绍在即梦AI中使用"视频补帧"功能的操作方法。

步骤01 进入"视频生成"页面,在"文本生视频"选项卡中输入相应的提示词,用于指导AI生成特定的视频,如图2-51所示。

步骤02 单击"生成视频"按钮,生成相应的视频效果,单击视频下方的"补帧"按钮,如图2-52所示。

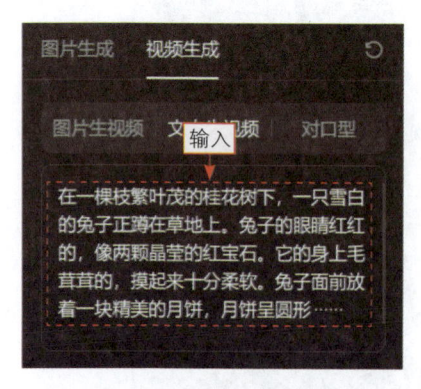

图 2-51 输入相应的提示词

图 2-52 单击"补帧"按钮

步骤03 弹出"视频补帧"对话框,❶调整帧率至30FPS;❷单击"立即生成"按钮，如图2-53所示。

步骤04 稍等片刻，即可生成补帧后的视频，效果如图2-54所示。

图 2-53　单击"立即生成"按钮

图 2-54　生成补帧后的视频

☆ 专家提醒 ☆

在使用即梦AI的"视频补帧"功能为视频补帧时，需注意合理设置补帧参数，避免参数值过高导致计算量大增或使画面不自然，补帧虽能提升画面播放的流畅度，但也可能导致轻微的画面扭曲，需通过预览仔细检查并调整至最佳效果。

2.1.13　使用"提升分辨率"功能

借助即梦AI的"提升分辨率"功能，可以使老旧或低分辨率视频瞬间焕发新生。该功能利用先进的深度学习技术，精准分析并重构视频中的每一个像素细节，无损放大图像的同时保留丰富的色彩与纹理，让画面清晰锐利，效果如图2-55所示。

图 2-55　效果展示

047

下面介绍在即梦AI中使用"提升分辨率"功能的操作方法。

步骤01 在"视频生成"|"图片生视频"中上传相应的图片,如图2-56所示。

步骤02 单击"生成视频"按钮,生成相应的视频效果,单击视频下方的"提升分辨率"按钮HD,如图2-57所示。

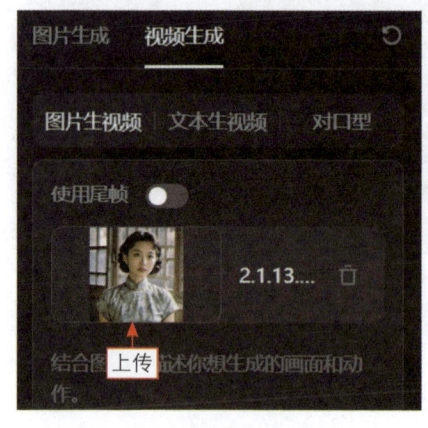

图 2-56　上传相应的图片

图 2-57　单击"提升分辨率"按钮

☆ 专家提醒 ☆

即梦AI的"提升分辨率"功能,不仅解决了视频画面模糊的痛点,还大幅提升了视觉体验,让观众仿佛亲历现场。其优势显著:不仅保留了原图的细腻纹理与色彩层次,还巧妙地填充细节,使画面更加生动逼真。同时,该技术有效减少了图像放大时的锯齿与模糊现象,保证了图像质量的大幅跃升。

步骤03 稍等片刻,即可生成高清视频,效果如图2-58所示。

图 2-58　生成高清视频

2.1.14 使用"AI配乐"功能

即梦AI的"AI配乐"功能可以根据视频内容智能分析情感、节奏与场景,自动生成与之高度契合的背景音乐,效果如图2-59所示。

图 2-59 效果展示

下面介绍在即梦AI中使用"AI配乐"功能的操作方法。

步骤 01 在"视频生成"|"图片生视频"中上传相应的图片,如图2-60所示。

步骤 02 单击"生成视频"按钮,稍等片刻,即可生成相应的视频效果,单击视频下方的"AI配乐"按钮 ♫ ,如图2-61所示。

图 2-60 上传相应的图片

图 2-61 单击"AI配乐"按钮

步骤 03 页面左侧弹出"AI配乐"面板,默认选中"根据画面配乐"单选按钮,如图2-62所示。

步骤 04 单击"生成AI配乐"按钮,稍等片刻,即可生成3种配乐效果,选择"配乐3"选项,即可自动播放相应的配乐,效果如图2-63所示。

049

图 2-62 默认选中"根据画面配乐"单选按钮　　图 2-63 选择"配乐 3"选项

步骤 05 单击视频右上角的 按钮,如图 2-64 所示,弹出视频下载进度面板。稍等片刻,即可下载 AI 配乐后的视频。

图 2-64 单击相应按钮

☆ **专家提醒** ☆

即梦 AI "AI 配乐"功能的优点显著：❶个性化定制,每段视频都能拥有独一无二的旋律；❷省时高效,无须海量搜索即可获得完美配乐；❸情感精准传达,AI 深刻理解并强化视频情感表达,让观众沉浸其中,享受视听双重盛宴,使视频创作更加生动,情感更加饱满。

2.2 即梦 AI 手机版的操作方法

在即梦AI手机版（即即梦AI App）中，用户通过简单几步，即可实现从文字到视频、从图片到视频的神奇转换。安装并登录即梦AI App后，利用文生视频功能，输入文字即可生成富有情感的视频内容；而图生视频功能则能让静态的图片动起来，赋予它们生命。此外，运镜控制、生成时长和视频比例等高级功能，可以让用户能精确调整视频效果，满足个性化创作需求。本节主要介绍使用即梦AI手机版生成视频的基本操作流程。

2.2.1 安装并登录即梦AI手机版

▶ 扫码看教程

即梦AI手机版只能通过抖音账号登录，如果用户有抖音账号，就可以打开手机中的抖音App，然后扫码授权登录即梦AI平台。

下面介绍安装并登录即梦AI手机版的操作方法。

步骤 01 在手机桌面点击"应用市场"图标，如图2-65所示。

步骤 02 进入"应用市场"界面后，在搜索栏中输入"即梦AI"进行搜索，如图2-66所示。

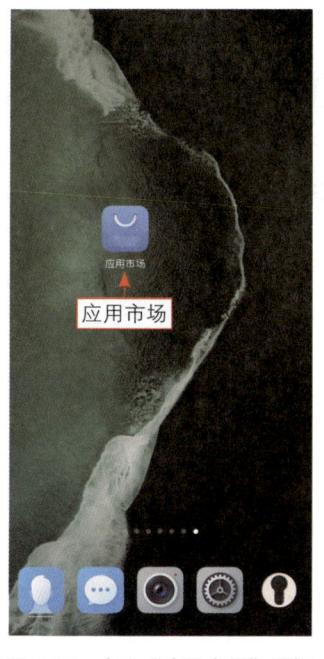

图 2-65　点击"应用市场"图标

图 2-66　搜索"即梦 AI"

051

步骤03 点击搜索出的应用右边的"安装"按钮,如图2-67所示。

步骤04 执行操作后,即可完成即梦AI手机版的下载与安装,如图2-68所示。

图2-67 点击"安装"按钮

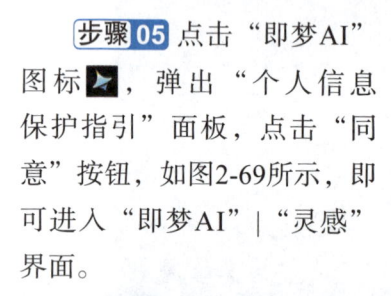

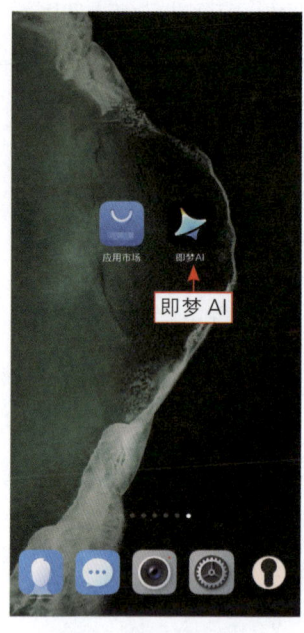

图2-68 安装完成

步骤05 点击"即梦AI"图标,弹出"个人信息保护指引"面板,点击"同意"按钮,如图2-69所示,即可进入"即梦AI"|"灵感"界面。

步骤06 点击界面左上角的头像,弹出相应的界面,❶选中"已阅读并同意用户协议和隐私政策"复选框;❷点击"通过抖音登录"按钮,如图2-70所示。

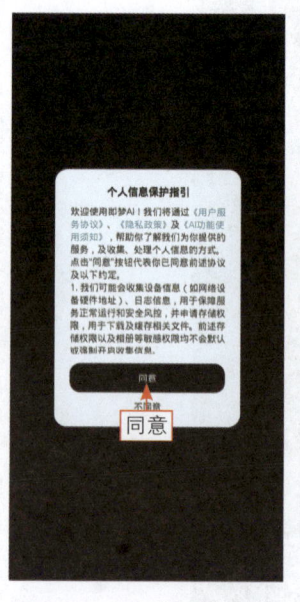

图2-69 点击"同意"按钮 图2-70 点击"通过抖音登录"按钮

步骤 07 执行操作后，切换至相应的界面，点击"同意授权"按钮，如图2-71所示。

步骤 08 执行操作后，返回即梦AI手机版的相应界面，弹出"登录成功"提示，如图2-72所示，即可成功登录即梦AI手机版。

图 2-71　点击"同意授权"按钮　　　　图 2-72　弹出"登录成功"提示

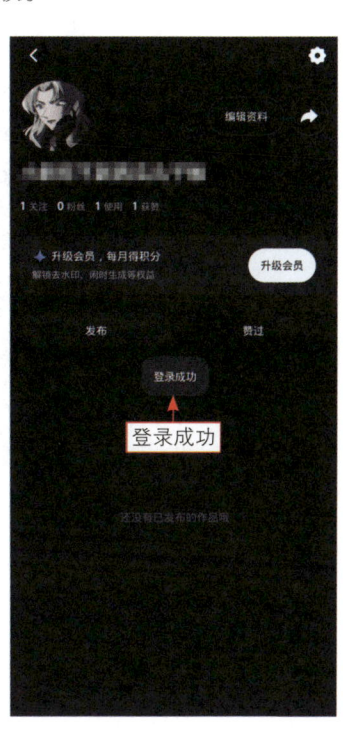

☆ **专家提醒** ☆

在安装和登录即梦AI时，请确保设备系统兼容，下载官方正版应用。在安装过程中，仔细阅读权限请求，避免不必要的信息泄露。

2.2.2　即梦AI手机版的界面介绍

即梦AI手机版的界面简洁直观，操作流畅便捷。用户可以随时随地轻松编辑，让创意与灵感不受限于设备，随时随地让图像焕发新活力。下面对即梦AI手机版界面中的各主要功能模块进行相关讲解，如图2-73所示。

▶ 扫码看教程

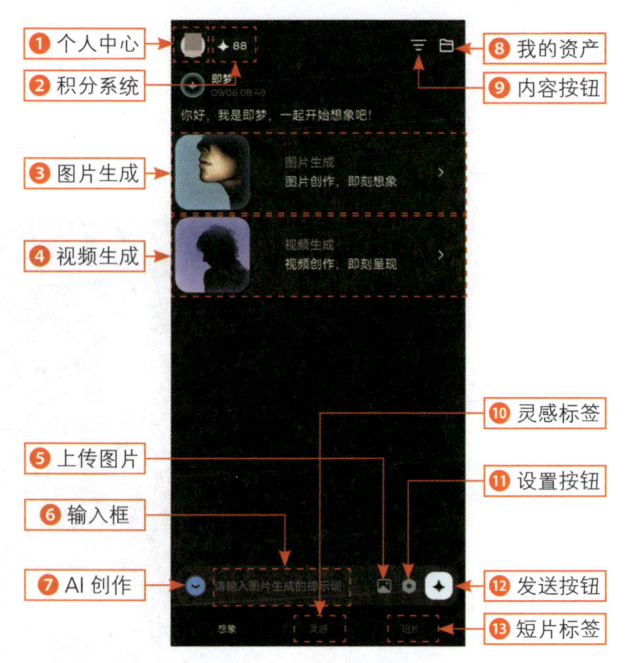

图2-73 即梦AI手机版的"想象"界面

❶ **个人中心**：点击该按钮，即可进入个人中心，用户可以在此编辑资料、查看发布动态，以及进行各项设置。

❷ **积分系统**：用户每天可以领取随机数量的积分生成视频，即梦AI手机版与网页版的积分是互通的。

❸ **图片生成**：选择"图片生成"选项，用户可以在其中输入提示词或上传图片、替换生图模型或者更改生图比例来生成图片。

❹ **视频生成**：选择"视频生成"选项，用户可以在其中输入提示词或上传图片、更换生成时长、选择运镜选项以及更改视频比例来生成视频。

❺ **上传图片**：点击 按钮，可以通过上传图片的形式，来生成图片或视频。

❻ **输入框**：这是与AI进行互动的主要功能区域，点击输入框，用户可以在其中输入提示词。

❼ **AI创作**：点击 按钮，弹出相应的面板，即可选择"图片生成"与"视频生成"选项。当界面中显示蓝色图标 时，则表示现在是"图片生成"模式；当界面中显示紫色图标 时，则表示现在是"视频生成"模式。

❽ **我的资产**：点击 按钮，即可进入"我的资产"界面，用户可以对即梦AI手机版及电脑版生成的图片和视频进行查阅与管理，包括收藏、编辑、发布、

下载和删除等。

❾ 内容按钮：点击 ▬ 按钮，即可查看AI生成的"全部内容""图片内容""视频内容"。

❿ 灵感标签：点击"灵感"标签，即可切换至"灵感"界面，用户可以在此选择喜欢的图片或视频做同款，还可以点击界面右上角的"活动"按钮，参与活动；点击 🔔 按钮，即可进入"消息中心"界面，查看消息。

⓫ 设置按钮：点击 ⊙ 按钮，即可设置生成内容，包括选择图片模型和比例，以及选择视频生成时长、运镜、比例等。

⓬ 发送按钮：在输入框中输入提示词，点击 ◆ 按钮，发送提示词，即可生成相应的图片或视频。

⓭ 短片标签：其中展示了其他用户创作和分享的AI短片作品。

☆ 专家提醒 ☆

需要注意的是，用户在即梦AI网页版或手机版中生成图片或视频之后，即梦AI手机版的"想象"界面中会显示之前生成的图片或视频。

2.2.3 手机版文生视频功能

使用即梦AI手机版的文生视频功能可以瞬间将文字创意转化为生动的视频。该功能独树一帜，通过智能解析文字内容，将自动匹配场景、配乐与动画效果，让抽象的思维跃然于屏幕之上，效果如图2-74所示。

图 2-74 效果展示

下面介绍在即梦AI手机版中使用文生视频功能的操作方法。

步骤01 进入即梦AI手机版，在"想象"界面中选择"视频生成"选项，如图2-75所示。

步骤02 执行操作后，在弹出的面板中输入相应的提示词，指导AI生成特定的视频效果，如图2-76所示。

步骤03 ❶点击✦按钮；❷弹出生成进度提示，如图2-77所示。

步骤04 稍等片刻，即可生成相应的视频效果，点击生成的视频，如图2-78所示。

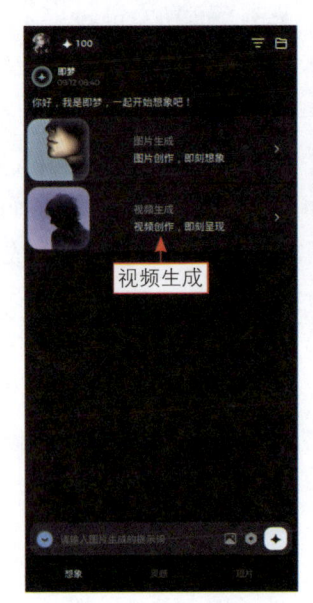

图 2-75 选择"视频生成"选项

图 2-76 输入相应的提示词

图 2-77 弹出生成进度提示

图 2-78 点击生成的视频

步骤05 进入"发布作品"界面，点击视频右上角的⬇按钮，如图2-79所示。

步骤06 执行操作后,弹出相应的面板,点击"保存到本地"按钮⬇,如图2-80所示,即可将生成的视频保存至手机中。

图 2-79 点击相应的按钮

图 2-80 点击"保存到本地"按钮

2.2.4 手机版图生视频功能

使用即梦AI手机版的"图生视频"功能可以将静态的瞬间转化为动态的故事,其特点在于智能识别图片序列,自动添加流畅的过渡效果与动感效果,让图片"活"起来,效果如图2-81所示。

扫码看教程　扫码看效果

图 2-81 效果展示

下面介绍在即梦AI手机版中使用图生视频功能的操作方法。

步骤 01 进入即梦AI手机版，点击"想象"界面左下角的 ⌄ 按钮，如图2-82所示。

步骤 02 弹出相应的面板，选择"视频生成"选项，如图2-83所示，即可切换至视频生成模式。

步骤 03 点击 🖼 按钮，进入相应的界面，选择需要上传的图片，如图2-84所示。

步骤 04 进入相应的界面，点击 ✓ 按钮，如图2-85所示，即可将所选图片上传到即梦AI中。

图 2-82 点击相应的按钮（1）

图 2-83 选择"视频生成"选项

图 2-84 选择需要上传的图片

图 2-85 点击相应的按钮（2）

第 2 章　工具二：即梦 AI

步骤 05　执行操作后，界面左下角显示了上传的图片，点击◆按钮，如图2-86所示。

步骤 06　弹出生成进度提示，稍等片刻，即可生成相应的视频，效果如图2-87所示。

图 2-86　点击相应的按钮（3）　　　图 2-87　生成相应的视频

2.2.5　设置视频的镜头运动方式

扫码看教程　扫码看效果

即梦AI手机版的"运镜控制"功能以其智能精准、灵活多变的特性，只需指尖轻触，即可实现复杂多变的镜头运动。不论是随机运镜、丝滑推拉还是流畅旋转，都能轻松驾驭，赋予视频作品电影级的动态美感与深度，让每一帧画面都充满故事感与视觉冲击力，效果如图2-88所示。

下面介绍在即梦AI手机版中设置运镜方式的操作方法。

步骤 01　进入即梦AI手机版，❶在"视频生成"模式中输入相应的提示词，

图 2-88　效果展示

059

指导AI生成特定的视频效果；

❷点击◉按钮，如图2-89所示。

步骤 02 弹出相应的面板，
❶选择"推近"运镜选项；
❷点击✦按钮，如图2-90所示。

步骤 03 稍等片刻，即可生成相应的视频，点击"再次生成"按钮，如图2-91所示。

步骤 04 稍等片刻，即可在界面下方重新生成相应的视频，效果如图2-92所示。

图 2-89　点击相应的按钮（1）　　　图 2-90　点击相应的按钮（2）

图 2-91　点击"再次生成"按钮　　　图 2-92　重新生成相应的视频

2.2.6　设置视频的生成时长

在即梦AI手机版中，无论是想要快速预览创意的3秒短片，还是精心打造6秒、9秒乃至12秒的精彩瞬间，"生成时长"功能都能轻松实现。这一功能不仅极大地丰富了视频创作的可能性，还确保了每一段输出都能精准匹配用户的需求与节奏，让视频创作更加高效、灵活，尽显个性化风采，效果如图2-93所示。

下面介绍在即梦AI手机版中更改生成时长的操作方法。

步骤01 进入即梦AI手机版，❶在"视频生成"模式中输入相应的提示词，指导AI生成特定的视频效果；❷点击■按钮，如图2-94所示。

步骤02 弹出相应的面板，❶在"生成时长"选项卡中选择"6秒"选项；❷点击◆按钮，如图2-95所示。

步骤03 稍等片刻，即可生成相应的视频，效果如图2-96所示。

图2-93　效果展示

图2-94　点击相应按钮（1）　　图2-95　点击相应按钮（2）　　图2-96　生成相应的视频

2.2.7 设置视频的比例

在即梦AI手机版中，"视频比例"功能堪称创意与灵活的典范。它不仅解锁了多样化的视觉表达，还让用户轻松驾驭从9∶16的竖屏视频到21∶9的超宽银幕体验，再到经典的16∶9、3∶4、4∶3乃至1∶1正方形构图，让每一帧画面都精准传达情感与故事，尽显专业级视觉魅力，效果如图2-97所示。

图 2-97　效果展示

下面介绍在即梦AI手机版中更换视频比例的操作方法。

步骤01 进入即梦AI手机版，❶在"视频生成"模式中输入相应的提示词，用于指导AI生成特定的视频效果；❷点击◉按钮，如图2-98所示。

步骤02 弹出相应的面板，设置比例为4∶3，如图2-99所示。

步骤03 ❶点击✦按钮；❷弹出生成进度提示，如图2-100所示。

步骤04 稍等片刻，即可生成相应的视频，效果如图2-101所示。

图 2-98　点击相应的按钮　　图 2-99　设置比例

图 2-100　弹出生成进度提示　　　　图 2-101　生成相应的视频

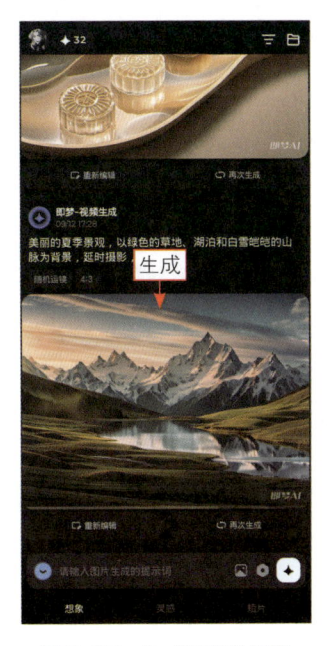

本章小结

　　本章详细介绍了即梦AI电脑版与手机版的操作方法，从登录账号到各功能面板（如文生视频、图生视频、运镜控制等）的使用，再到高级功能如视频补帧、提升分辨率、AI配乐等，全方位覆盖了即梦AI的视频创作流程。学习本章内容后，读者将掌握即梦AI的基本操作与高级技巧，能够利用AI技术高效创作个性化视频内容，提升创作效率与质量。

▶ 第3章

工具三：可灵 AI

在数字化创作的浪潮中，可灵AI以其强大的功能成为众多创作者的首选工具。本章将深入探索可灵AI网页版与手机版的操作技巧。从登录账号到页面布局，再到文生视频与图生视频的制作，无论是电脑端的深度创作，还是手机端的便捷操作，可灵AI都为我们提供了无限可能。让我们一同开启这段创作之旅，掌握可灵AI的精髓，让创意在指尖自由流淌。

3.1 可灵 AI 网页版的操作技巧

可灵AI是快手自研的视频生成大模型，能够高效生成高质量的视频，支持多种分辨率和帧率，还具备文生视频和图生视频功能。本节主要介绍可灵AI电脑版的操作页面与核心功能，帮助大家轻松高效地使用可灵AI电脑版完成艺术视频创作。

3.1.1 登录可灵AI

▶ 扫码看教程

登录可灵AI有两种方法，如果用户有快手账号，可以打开手机中的快手App，然后扫码授权登录可灵AI平台；用户也可以使用手机号验证授权登录可灵AI平台。下面介绍使用抖音扫码登录可灵AI的操作步骤。

步骤01 在电脑中打开相应的浏览器，输入可灵AI的官方网址，打开官方网站，单击页面右上角的"登录"按钮，如图3-1所示。

图 3-1　打开官方网站

☆ 专家提醒 ☆

如果用户没有快手账号，可以在手机的应用商店中下载快手App，然后通过手机号码注册、登录，再打开快手App，点击左上角的 ≡ 按钮，在弹出的列表框中点击"扫一扫"按钮，即可进入扫一扫界面。

步骤 02 弹出"欢迎登录"对话框，在"手机登录"选项卡中，用户只需输入手机号码以及验证码，如图3-2所示，单击"立即创作"按钮，即可登录可灵AI。

步骤 03 如果用户需要使用快手App扫码登录，则在"欢迎登录"对话框中，❶切换至"扫码登录"选项卡；❷打开手机上的快手App，然后用手机扫描对话框中的二维码，如图3-3所示，即可登录可灵AI。

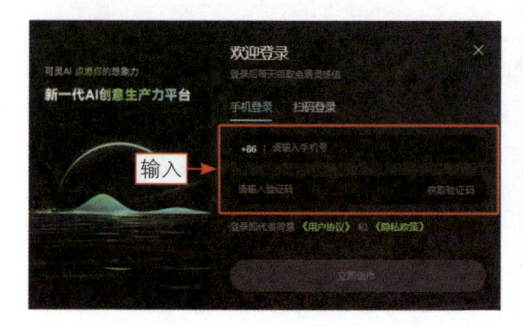

图 3-2 输入手机号码以及验证码 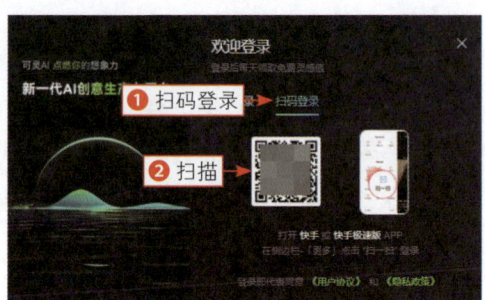　　　　图 3-3 扫描对话框中的二维码

3.1.2 可灵AI的页面介绍

可灵AI是一个便捷、高效且功能丰富的视频生成平台，用户无须下载和安装任何客户端，即可直接使用该平台的各项功能，这无疑极大地提高了创作效率。无论是生成图片还是视频，可灵AI都能够提供高质量的内容输出，满足用户的多样化需求，如图3-4所示。

图 3-4 "可灵 AI"页面

下面对"可灵AI"网页版页面中的各主要功能进行相关讲解。

❶ 常用功能：在页面左侧的侧边栏中，清晰地列出了可灵AI的主要功能，这种有序、结构化的展示方式，可以帮助用户快速定位到自己想要访问的页面或功能。用户只需选择相应的选项，即可跳转到对应的页面，极大地提高了浏览效率。

❷ AI图片：使用该功能，用户只需输入提示词或上传图片，即可让可灵AI生成相关的图片。

❸ AI视频：使用该功能，用户可以通过文本生成视频（文生视频）或者通过图片生成视频（图生视频）。可灵AI支持5秒和10秒两种时长的视频生成，生成的视频在动态性和人物动作一致性方面表现不错。

❹ 视频编辑：使用该功能，允许用户对视频进行裁剪、拼接、添加特效、调整色彩、添加文字注释等多种操作，以满足不同场景下的视频制作需求。

❺ 社区作品：该区域主要用来展示平台中其他用户发布的优秀作品，"短片推荐"板块中的作品可以用来欣赏，对于"热门推荐"板块中的作品，则可以单击相应作品下方的"一键同款"按钮，快速生成与原作品相似的视频或图片效果，大大节省用户的时间和精力。

3.1.3 可灵AI文生视频

用户只需进入可灵AI的"文生视频"选项卡，并输入相关的提示词，即可快速生成一条相关的视频，效果如图3-5所示。

图 3-5 效果展示

下面介绍在可灵AI中使用"文生视频"功能生成视频的操作方法。

步骤 01 进入可灵AI官方网站，单击首页下方的"AI视频"按钮，如图3-6所示，即可进入视频创作页面。

步骤02 在"文生视频"选项卡的"创意描述"文本框中,输入相应的提示词,对视频场景进行详细的描述,用于指导AI生成特定的视频,如图3-7所示。

图3-6 单击"AI视频"按钮　　　　　图3-7 输入相应的提示词

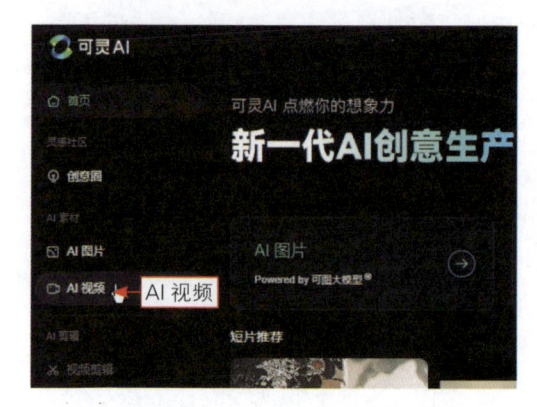

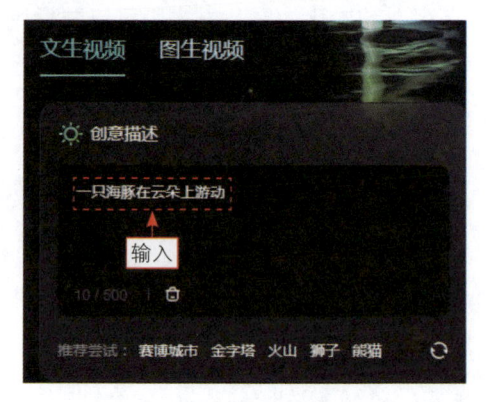

步骤03 在"参数设置"面板中设置"生成模式"为"标准",如图3-8所示,让AI快速生成视频。

步骤04 单击"立即生成"按钮,执行操作后,即可开始生成视频。稍等片刻,即可生成相应的视频,效果如图3-9所示。

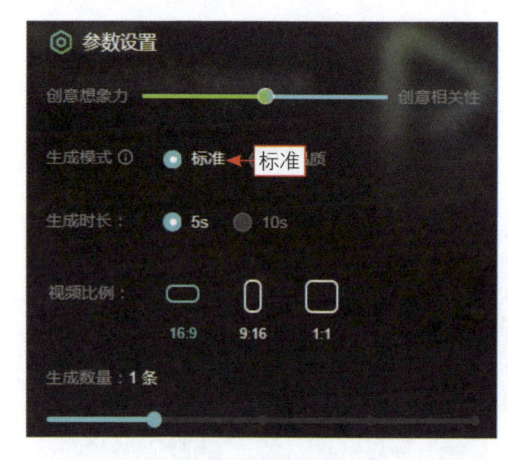

图3-8 设置生成模式　　　　　图3-9 生成相应的视频

3.1.4 可灵AI图生视频

通过单图快速实现图生视频是一种高效的AI视频生成技术,它允许用户仅通过一张静态的图片迅速生成视频内容。这种方法非常适合需要快速制作动态视觉效果的场合，无论是社交媒体的短视频，还是在线广告的快速展示，都能轻松实现，效果如图3-10所示。

图 3-10 效果展示

下面介绍在可灵AI中使用"图生视频"功能生成视频的操作方法。

步骤 01 进入可灵AI的"图生视频"选项卡，单击"图片及创意描述"面板中的上传按钮，弹出"打开"对话框，在其中选择相应的图片素材，单击"打开"按钮，即可上传图片素材，指导AI生成特定效果的视频，如图3-11所示。

步骤 02 单击"立即生成"按钮，即可生成相应的视频，效果如图3-12所示。

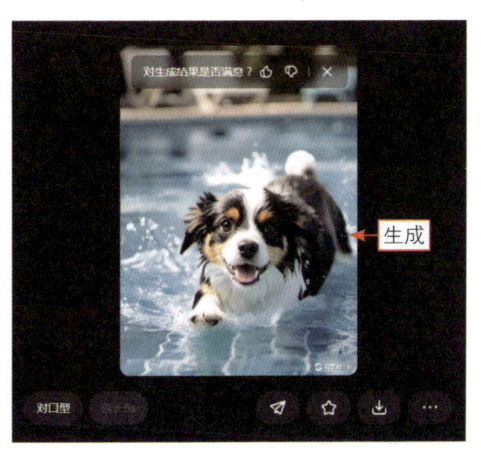

图 3-11 上传参考图　　　　图 3-12 生成相应的视频效果

3.2 可灵AI手机版的操作技巧

本节主要介绍可灵AI手机版的操作技巧，详细阐述了从安装并登录快影App开始，到熟悉可灵AI手机版的界面布局，以及"文生视频"和"图生视频"两个核心功能的具体操作步骤。通过学习本节内容，用户可以掌握可灵AI手机版的基本操作，进而更加高效、便捷地利用这款应用进行视频创作和编辑。

3.2.1 安装并登录快影App

在使用可灵AI生成视频和图片之前，用户需要先安装可灵AI的相关工具。可灵AI手机版属于快影App的一部分，因此在使用可灵AI手机版之前，需要先下载并登录快影App，下面就来具体进行讲解。

步骤01 打开手机中的应用商店，点击搜索栏，❶在搜索文本框中输入"快影"；❷点击"搜索"按钮；❸点击快影App右侧的"安装"按钮，如图3-13所示。

步骤02 执行操作后，即可开始下载并自动安装快影App。安装完成后，快影App右侧显示"打开"按钮，如图3-14所示。

图3-13 点击"安装"按钮　　　　图3-14 显示"打开"按钮

步骤03 点击"打开"按钮，进入快影App界面，弹出"用户协议及隐私政

策"面板，请用户仔细阅读许可协议内容，点击"同意并进入"按钮，如图3-15所示。

步骤 04 进入"剪同款"界面，点击下方的"我的"标签，如图3-16所示。

步骤 05 进入"我的"界面，❶选中底部的"登录即表示已阅读并同意《用户协议》和《隐私政策》"复选框；❷如果用户安装了快手App，则可以点击"使用快手登录"按钮，登录快影App，如图3-17所示。

图3-15 点击"同意并进入"按钮

图3-16 点击"我的"标签

步骤 06 进入"快手授权"界面，点击"允许"按钮，如图3-18所示。

步骤 07 执行操作后，即可使用快手账号登录快影App，显示相关的个人信息，如图3-19所示。

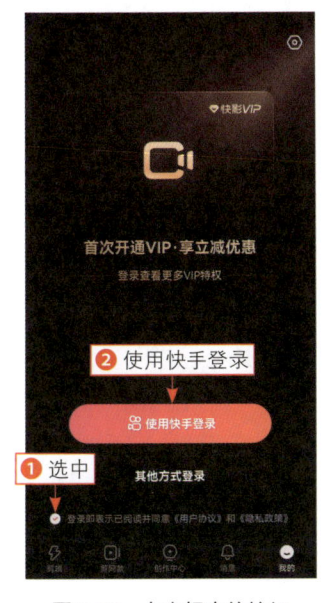

图3-17 点击相应的按钮

图3-18 点击"允许"按钮

图3-19 显示相关的个人信息

3.2.2 可灵AI手机版界面介绍

可灵AI手机版的界面设计简洁明了，用户可以快速上手并找到所需功能。下面介绍可灵AI手机版的"文生视频"界面，该界面是可灵AI手机版的核心功能之一，如图3-20所示。

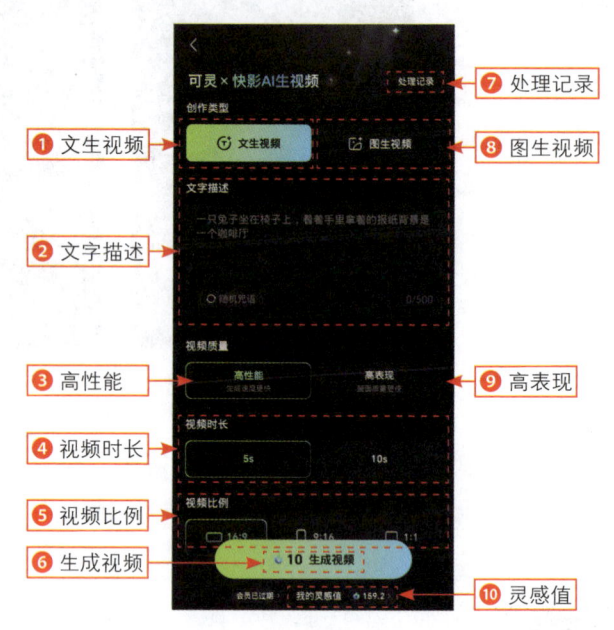

图 3-20 "文生视频"界面

下面对"可灵AI"手机版的"文生视频"界面中的各主要功能进行相关讲解。

❶ 文生视频：该功能允许用户通过输入文本描述，自动生成与之对应的视频内容。可灵AI可以模拟真实世界的物理特性，生成高质量、符合物理规律的视频。用户可轻松实现创意表达，将想象力转化为生动的视觉作品。

❷ 文字描述：在文本框中可以输入相应的提示词，或点击"随机咒语"按钮 ⟳ 随机生成提示词，用于指导AI生成特定效果的视频。

❸ 高性能：这是对可灵AI整体性能和能力的概括——高性能视频生成大模型，具备出色的视频生成能力，视频生成速度更快。

❹ 视频时长：用户可以根据自身需求，选择合适的视频时长，选择5s或10s选项，即可选择相应的时长。需要注意的是，高性能模式暂不支持生成10s时长的视频。

❺ 视频比例：视频比例有16∶9、9∶16和1∶1这3个选项，用户点击相应的

选项，即可成功选择对应的视频比例。

❻ 生成视频：点击该按钮，即可开始生成相应的视频效果。

❼ 处理记录：点击该按钮，即可进入相应的界面，在该界面中可以查看正在生成或者已经生成成功的AI视频。

❽ 图生视频：用户只需上传任意图片，即可生成5s的精彩视频，并支持添加提示词控制图像运动，支持不同风格和长宽比的图像输入，满足多样化需求。点击"添加图片"按钮，可以上传一张图片，实现以图生视频。

❾ 高表现：指的是其卓越的性能与效果，使生成的视频画面质量更佳，为用户提供流畅、自然的交互体验。需要用户注意的是，在使用"高表现"模式生成视频时，需要35个灵感值；而使用"高性能"模式生成视频效果，只需要10个灵感值。

❿ 灵感值：点击该按钮，即可进入相应的界面，可以查看所有灵感值的来源及消耗情况。

3.2.3　手机版文生视频

在快影App中，可灵AI的"文生视频"功能可以巧妙地将文字转化为生动的视频，只需简单地输入文字描述，便能一键生成富有情感与故事性的视频作品。该功能的特点在于其高度的智能化和个性化，极大地降低了视频制作的门槛，有效地提高了用户的工作效率，效果如图3-21所示。

下面介绍在快影App中使用可灵AI的"文生视频"功能的操作方法。

步骤01　打开快影App，点击界面上方的"AI创作"按钮，如图3-22所示。

步骤02　进入"AI创作"界面，点击"AI生视频"选项区中的"生成视频"按钮，如图3-23所示，即可进入"可灵×快影AI生视频"界面。

图 3-21　效果展示

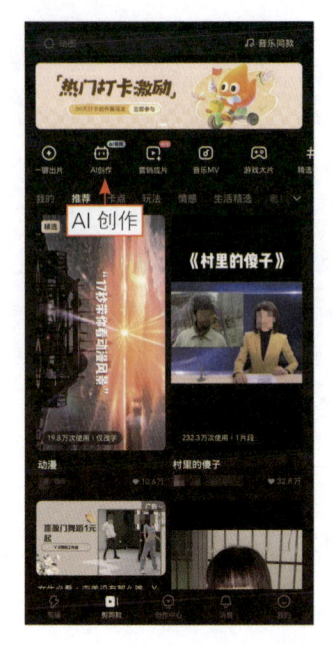

图3-22 点击"AI创作"按钮

图3-23 点击"生成视频"按钮

步骤03 在"文生视频"选项卡中输入相应的提示词，指导AI生成特定的视频，效果如图3-24所示。

步骤04 设置"视频比例"为9∶16，如图3-25所示。

步骤05 点击"生成视频"按钮，即可开始生成视频，点击界面右上角的"处理中"按钮，如图3-26所示，即可进入"处理记录"界面。

步骤06 在"处理记录"界面中可以查看生成进度以及30天内的处理记录，如图3-27所示。

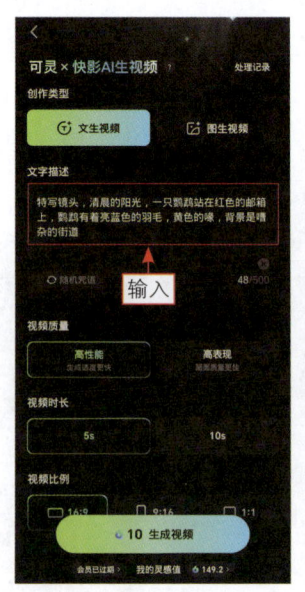

图3-24 输入相应的提示词

图3-25 设置视频比例

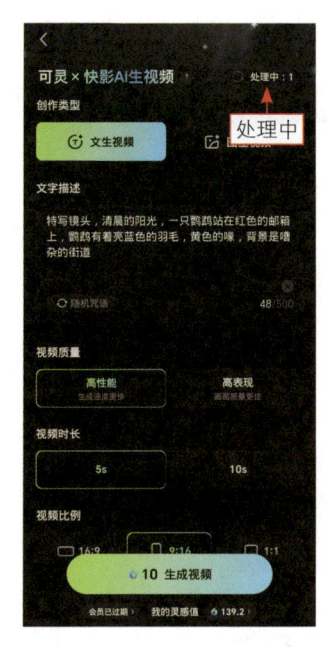

第 3 章　工具三：可灵 AI

图 3-26　点击"处理中"按钮 　　　　图 3-27　查看生成进度

3.2.4　手机版图生视频

在快影App中，可灵AI的"图生视频"功能可以巧妙地将静态的图片转化为生动的视频，通过智能分析图像内容，自动添加适配的动画效果、转场与背景音乐，让单调的图片瞬间焕发活力。该功能特色鲜明，不仅操作简单、快捷，更以高度个性化的生成方案，精准地捕捉图片情感，创造出独一无二的视频作品，如图3-28所示。

图 3-28　效果展示

075

下面介绍在快影App中使用可灵AI的"图生视频"功能的操作方法。

步骤01 打开快影App，点击界面上方的"AI创作"按钮，如图3-29所示。

步骤02 进入"AI创作"界面，点击"AI生视频"选项区中的"生成视频"按钮，如图3-30所示，即可进入"可灵×快影AI生视频"界面。

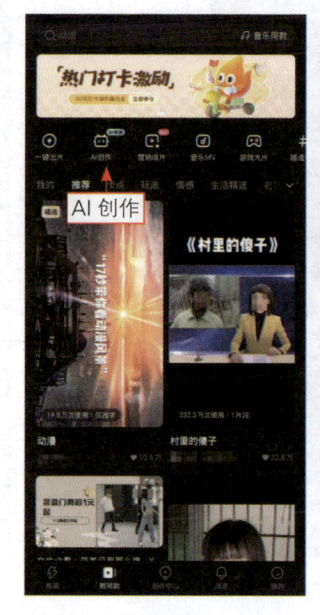

图 3-29　点击"AI 创作"按钮

图 3-30　点击"生成视频"按钮

步骤03 在"图生视频"选项卡中点击"添加图片"按钮，如图3-31所示。

步骤04 弹出"添加图片"面板，选择"相册图片"选项，如图3-32所示。

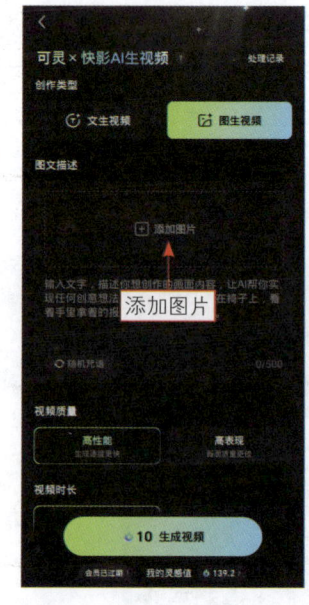

图 3-31　点击"添加图片"按钮

图 3-32　选择"相册图片"选项

步骤 05 在"相册"选项卡中选择需要上传的图片，如图3-33所示，稍等片刻，即可导入图片。

步骤 06 点击"生成视频"按钮，如图3-34所示，稍等片刻，即可生成相应的视频。

图 3-33 选择需要上传的图片

图 3-34 点击"生成视频"按钮

本章小结

本章详细介绍了可灵AI电脑版与手机版的操作技巧。通过学习账号的登录、页面布局、文生视频及图生视频等功能，读者能够全面掌握可灵AI的基本操作。电脑版与手机版的介绍相辅相成，使读者在不同的设备上都能灵活运用可灵AI。

学习本章内容后，读者将能够更高效地利用可灵AI进行视频创作，提升工作效率与创作质量，为视频制作注入更多创意与活力，同时也为探索可灵AI的更多高级功能打下了坚实的基础。

04

▶ 第 4 章

工具四：腾讯智影

本章将深入介绍腾讯智影这一强大工具的基础操作，帮助大家全面了解和掌握其视频创作与编辑功能，逐步探索如何制作个性化的视频内容，以及对已有视频进行精细打磨和优化，为视频创作之路打下坚实的基础。

4.1 腾讯智影的视频创作功能

腾讯智影于2023年3月30日正式发布，作为一款云端工具，用户无须下载即可通过计算机中的浏览器进行访问，支持视频剪辑、素材库、文本配音、数字人播报、文章转视频、自动字幕识别等多种功能，其强大的AI能力为创作者提供了高效智能的创作方式，广泛应用于内容创作、教育培训、企业宣传、娱乐互动等多个领域。本节主要介绍登录腾讯智影的方法，并对腾讯智影的界面与数字人播报、文章转视频两项功能进行详细介绍。

4.1.1 登录腾讯智影

在使用腾讯智影进行创作之前，首先需要登录腾讯智影，登录腾讯智影有多种方式，下面介绍具体的操作方法。

步骤01 在电脑中打开相应的浏览器，输入腾讯智影的官方网址，打开官方网站，单击右上角的"登录"按钮，如图4-1所示。

图4-1 单击右上角的"登录"按钮

☆ 专家提醒 ☆

用户只有登录腾讯智影后，才能享受腾讯智影提供的云端智能视频创作服务，包括视频剪辑、数字人播报、文本配音等多种功能。

步骤02 执行操作后，弹出登录面板，显示"微信登录"界面，如图4-2所示，通过微信"扫一扫"功能，可以扫码登录腾讯智影。

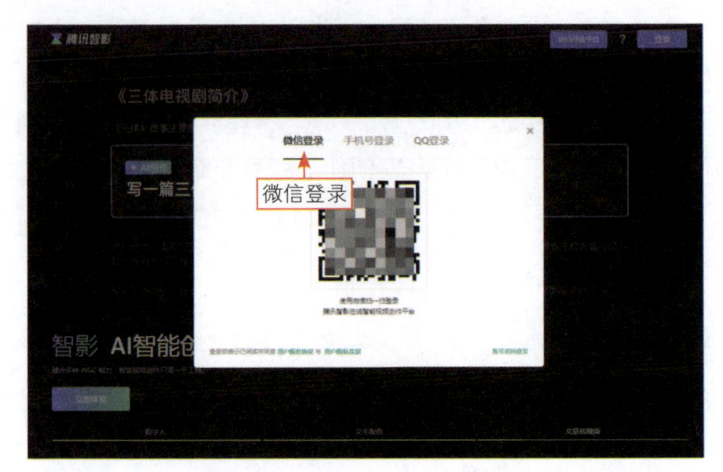

图 4-2 显示"微信登录"界面

步骤03 单击"手机号登录"选项卡，切换至"手机号登录"选项卡，如图4-3所示，在其中可以通过手机号与验证码等信息登录腾讯智影。

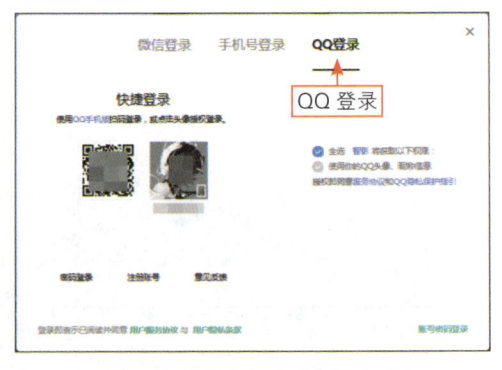

步骤04 单击"QQ登录"选项卡，切换至"QQ登录"选项卡，如图4-4所示，可以通过QQ手机版扫码登录腾讯智影，还可以点击QQ头像授权登录。

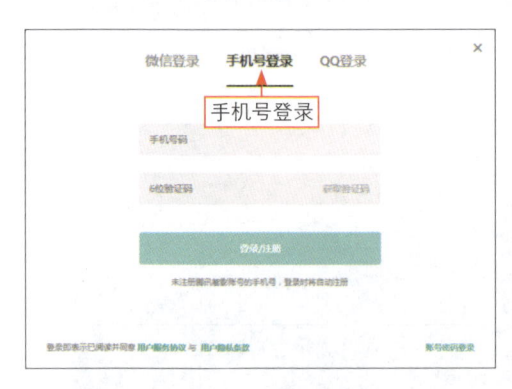

图 4-3 切换至"手机号登录"选项卡　　图 4-4 切换至"QQ 登录"选项卡

☆ 专家提示 ☆

需要用户注意的是，如果未注册过腾讯智影账号，则在"手机号登录"选项卡中输入手机号与验证码信息后，单击"登录/注册"按钮，将自动注册腾讯智影账号。

步骤05 在登录面板中，单击右下角的"账号密码登录"文字超链接，弹出

"账号密码登录"面板，如图4-5所示，在其中通过腾讯智影账号和密码，可以进行登录操作。

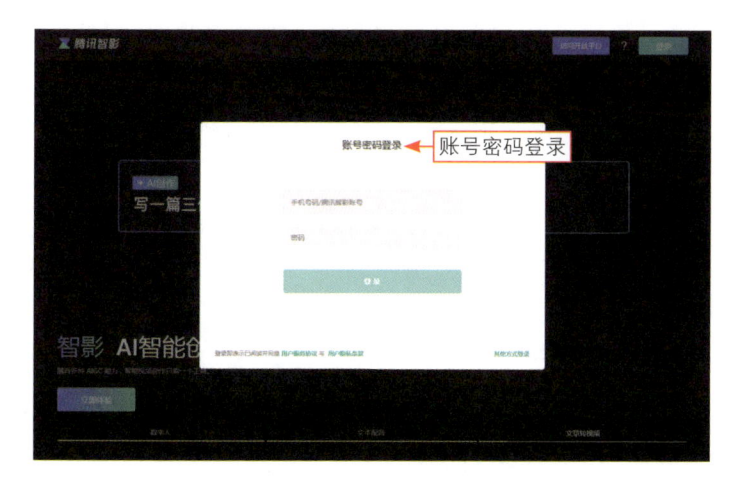

图 4-5　弹出"账号密码登录"面板

4.1.2　腾讯智影的页面介绍

腾讯智影凭借其强大的功能、丰富的应用场景和显著的优势，成为广大用户进行视频创作的首选工具之一。其操作页面是一个功能丰富、易于使用的云端智能视频创作平台，页面设计简洁明了，主要分为几个核心区域，如图4-6所示。

扫码看教程

图 4-6　腾讯智影页面

下面对腾讯智影页面中的核心区域进行相关讲解。

❶ 导航栏：其中包含"在线素材""全网热点""我的草稿""我的资源""我的发布""团队空间"等入口，方便用户创作视频作品，进行账户管理等。

❷ 智能小工具：这是一个集成了多种实用功能的区域，旨在为用户提供便捷的视频创作辅助。该板块中包含视频剪辑、文本配音、格式转换、数字人播报等多种工具，帮助用户在视频制作过程中快速解决各种需求。

❸ 我的草稿：用户在创作视频的过程中，可能会因为各种原因需要暂时中断。此时，"我的草稿"板块允许用户保存当前的创作进度，包括已添加的视频片段、音频、字幕、特效等，确保创作内容不会丢失。随着创作次数的增加，用户可能会积累多个草稿，在"我的草稿"板块中，用户可以清晰地看到保存的所有草稿列表，方便进行管理和查找。选择相应的草稿，即可快速回到之前的创作状态，继续进行编辑和调整。

❹ 核心功能：其中显示了腾讯智影的3个核心功能——"数字人播报""动态漫画""AI绘画"，通过直观的图标和文字描述，方便用户快速找到并使用相应的功能。

4.1.3 制作数字人播报视频

腾讯智影中的数字人模板是视频创作的重要资源，提供了多样化的选择和个性化定制的可能。这些模板涵盖了不同风格、职业、年龄和性别的数字人形象，从写实到卡通，从新闻主播到教师、客服等多种角色，应有尽有。用户可以根据视频内容的需求，选择合适的数字人模板，效果如图4-7所示。

图4-7　效果展示

下面介绍利用腾讯智影制作数字人播报视频的操作方法。

步骤01 进入腾讯智影的"创作空间"页面，在页面上方单击"数字人播报"按钮，如图4-8所示。

步骤02 执行操作后，进入相应的页面，弹出"模板"面板，单击"竖版"选项卡，切换至"竖版"选项卡，如图4-9所示。

图 4-8　单击"数字人播报"按钮

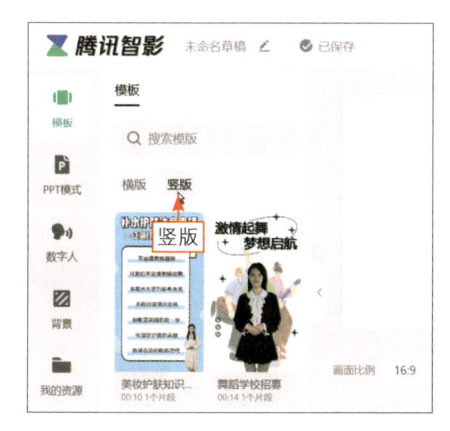

图 4-9　切换至"竖版"选项卡

步骤03 在页面下方选择一个合适的数字人模板，单击数字人模板预览图右上角的 ➕ 按钮，如图4-10所示，稍等片刻，即可应用相应的模板。

步骤04 更改页面右侧"播报内容"文本框中的相应内容，指导数字人生成特定的播报内容，如图4-11所示。

图 4-10　单击相应的按钮

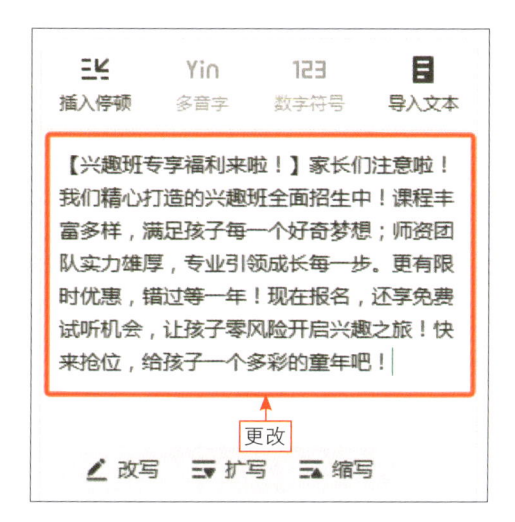

图 4-11　更改文本框中的相应内容

083

步骤05 单击页面左侧的"数字人"按钮,弹出相应的面板,在"预置形象"选项卡中,选择"冰璇"数字人形象,如图4-12所示。稍等片刻,即可更改数字人形象。

图 4-12 选择"冰璇"数字人形象

步骤06 单击"保存并生成播报"按钮,如图4-13所示,腾讯智影即可根据文字内容生成相应语音播报内容的数字人,同时数字人轨道的时长也会根据文本配音的时长而改变。

步骤07 选择预览区中需要修改的文案内容,在页面右侧弹出的"样式编辑"|"文本"中更改相应的内容,即可使内容更加准确,如图4-14所示。

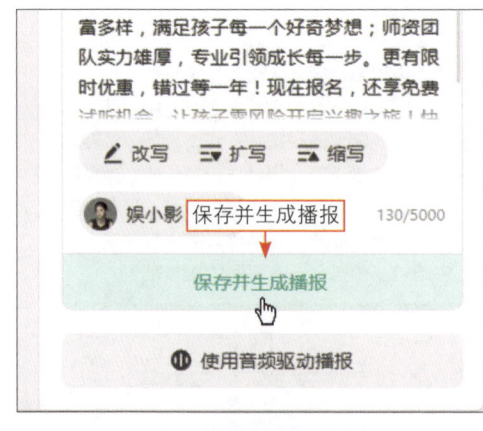

图 4-13 单击"保存并生成播报"按钮

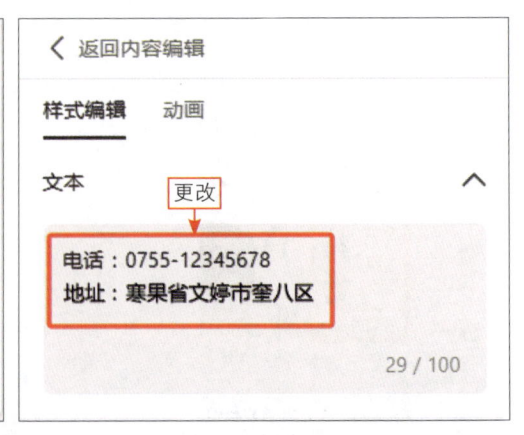

图 4-14 更改相应的内容

第 4 章　工具四：腾讯智影

步骤 08　执行操作后，单击页面下方的"展开轨道"按钮，展开轨道面板，依次拖曳所有素材的时长，使其与数字人播报时长一致，如图4-15所示。

步骤 09　执行操作后，单击"合成视频"按钮，如图4-16所示，即可导出相应的数字人播报视频。

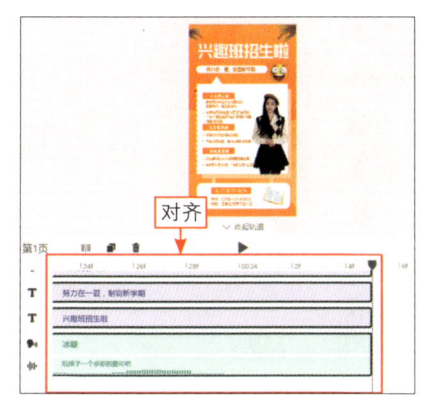

图 4-15　使其与数字人播报时长一致

图 4-16　单击"合成视频"按钮

4.2　腾讯智影的视频编辑功能

在腾讯智影中，用户可以运用多种AI功能让素材的处理更高效。本节主要介绍运用腾讯智影的"智能抹除""字幕识别""智能转比例"功能进行视频处理的操作方法。

4.2.1　使用"智能抹除"功能

扫码看教程　扫码看效果

运用"智能抹除"功能，用户可以选择性地抹除视频中的水印和字幕，避免文字影响画面的美观度，效果对比如图4-17所示。

图 4-17　效果对比展示

085

下面介绍在腾讯智影中使用"智能抹除"功能的操作方法。

步骤01 打开腾讯智影官方网站，进入腾讯智影的"创作空间"页面，单击"智能抹除"按钮，如图4-18所示。

图 4-18　单击"智能抹除"按钮

步骤02 执行操作后，进入"智能抹除"页面，单击"本地上传"按钮，如图4-19所示。

步骤03 弹出"打开"对话框，选择相应的视频素材，如图4-20所示。

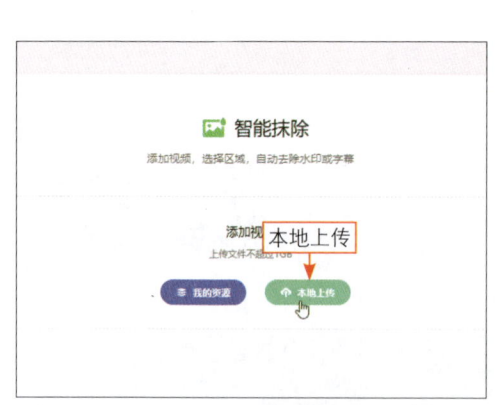

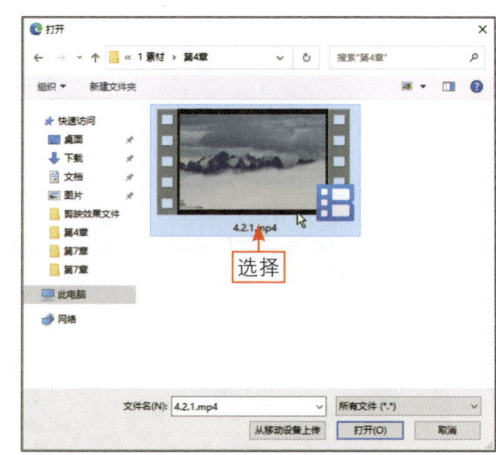

图 4-19　单击"本地上传"按钮　　　　图 4-20　选择相应的视频素材

步骤04 单击"打开"按钮，即可上传视频素材，在"智能抹除"页面的视频预览区域中，调整绿色水印框的位置和大小，使其框选住水印文字，如图4-21所示。

第 4 章　工具四：腾讯智影

步骤 05 单击紫色字幕框中的 ✕ 按钮，如图4-22所示，即可删除多余的控制框。

图 4-21　调整绿色水印框的位置和大小　　　图 4-22　单击相应的按钮

步骤 06 单击"确定"按钮，执行操作后，即可开始自动抹除框选的文字内容，稍等片刻，用户可以在页面下方的"最近作品"板块中查看处理好的视频，单击"下载"按钮，如图4-23所示，即可将视频下载到本地文件夹中。

图 4-23　单击"下载"按钮

4.2.2　使用"字幕识别"功能

腾讯智影的"字幕识别"功能可以自动识别视频中的音频并生成对应的字幕，同时支持中文和英文两种字幕形式，效果如图4-24所示。

087

图 4-24　效果展示

下面介绍在腾讯智影中运用"字幕识别"功能的具体操作方法。

步骤 01　在腾讯智影的"创作空间"页面中单击"视频剪辑"按钮，进入视频剪辑页面，在"当前使用"选项卡中单击"本地上传"按钮，如图4-25所示。

步骤 02　弹出"打开"对话框，选择相应的视频素材，单击"打开"按钮，将素材上传到"当前使用"选项卡中，单击素材右上角的"添加到轨道"按钮 ，如图4-26所示，将视频素材添加到视频轨道中。

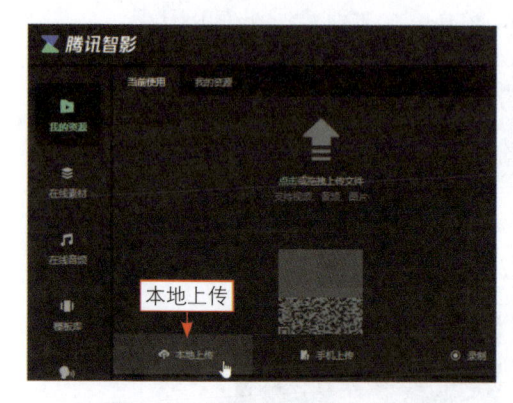

图 4-25　单击"本地上传"按钮　　　　图 4-26　单击"添加到轨道"按钮

步骤 03　❶在视频轨道上方单击 按钮；❷在弹出的列表中选择"中文字幕"选项，如图4-27所示。

步骤 04　执行操作后，即可开始自动识别视频中的音乐，并生成相应的歌词字幕，如图4-28所示。

步骤 05　切换至"编辑"选项卡，❶更改文字字体；❷设置"字号"参数为60，如图4-29所示。

步骤 06　设置相应的预设样式，如图4-30所示，设置的样式效果会自动同步添加到其他字幕上。

第 4 章 工具四：腾讯智影

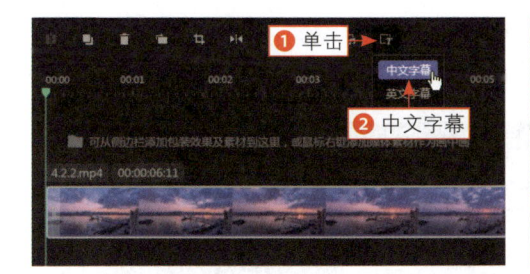

图 4-27 选择"中文字幕"选项

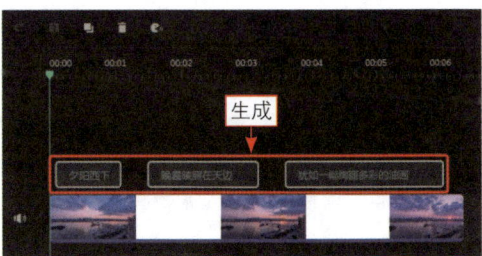

图 4-28 生成歌词字幕

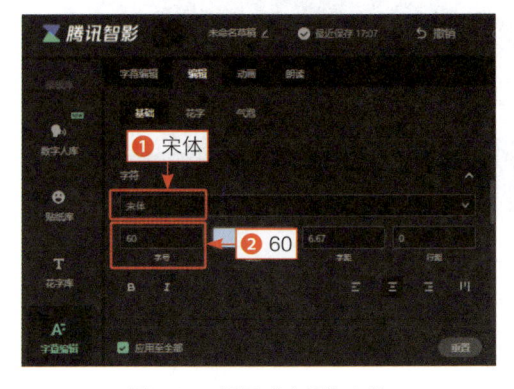

图 4-29 设置"字号"参数

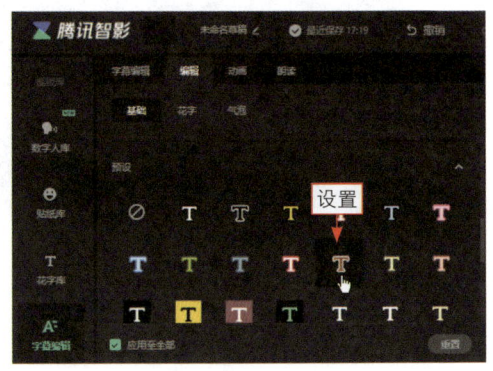

图 4-30 设置相应的预设样式

步骤07 单击页面上方的"合成"按钮，如图4-31所示。

图 4-31 单击"合成"按钮（1）

步骤 08 弹出"合成设置"对话框，❶更改相应的名称；❷单击"合成"按钮，如图4-32所示，稍等片刻，即可合成视频。

图 4-32　单击"合成"按钮（2）

☆ 专家提醒 ☆

在腾讯智影中，有时用户上传的素材名称会发生变动，这是系统自动更改的，用户不必担心，只需在合成或下载视频时进行修改即可。

4.2.3　使用"智能转比例"功能

腾讯智影的"智能转比例"功能提供了9∶16、3∶4、1∶1、4∶3和16∶9这5种视频比例，用户只需在上传素材后，选择相应的比例，即可自动进行转换，效果对比如图4-33所示。

图 4-33　效果对比展示

第 4 章　工具四：腾讯智影

下面介绍在腾讯智影中运用"智能转比例"功能的具体操作方法。

步骤 01　在腾讯智影的"创作空间"页面中，单击"智能转比例"按钮，进入"智能转比例"页面，单击"本地上传"按钮，如图4-34所示。

步骤 02　弹出"打开"对话框，选择相应的视频素材，如图4-35所示。

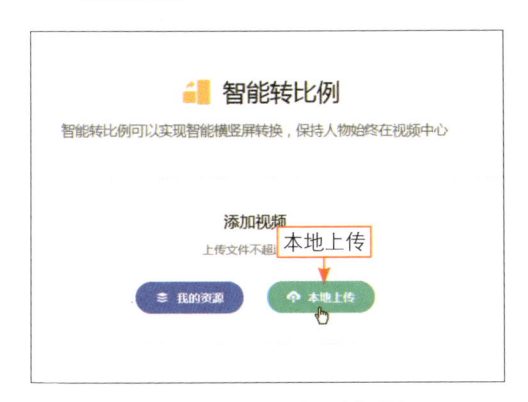

图 4-34　单击"本地上传"按钮　　　　　图 4-35　选择相应的视频素材

步骤 03　单击"打开"按钮，即可上传相应的素材，在"智能转比例"页面中，默认"选择画面比例"为9∶16，如图4-36所示。

步骤 04　单击"确定"按钮，执行操作后，弹出生成进度面板，如图4-37所示，可以查看生成进度。

图 4-36　设置选择画面比例　　　　　图 4-37　弹出生成进度面板

☆ 专家提醒 ☆

腾讯智影的"智能转比例"功能可以实现视频的智能横竖屏转换，通过算法自动追踪画面主体，确保主要内容如人物始终处于画面中心，无须手动剪裁，即可适配各类屏幕和社交平台，自动优化视觉体验，大幅提升横屏转竖屏的效率和质量。

091

步骤05 稍等片刻，弹出"预览视频"面板，单击"下载高清资源"按钮，即可将视频导出至电脑中，如图4-38所示。

图4-38　单击"下载高清资源"按钮

本章小结

本章全面介绍了腾讯智影的视频创作与编辑功能。从登录账号到页面布局解析，再到数字人播报视频的制作，让读者深入了解如何利用腾讯智影进行高效的内容创作。随后，通过对"智能抹除""字幕识别""智能转比例"等编辑功能的介绍，展示了腾讯智影在提升视频处理效率与质量方面的优势。学习本章内容后，读者将掌握腾讯智影的核心功能，提升视频创作与编辑能力，为数字内容创作增添更多可能。

创作技巧篇

05

▶ 第 5 章

技巧一：AI 视频的提示词编写

本章深入剖析AI视频创作的核心——提示词的运用艺术。从基础思路出发，明确元素、细化场景、激发创意、逐步引导，为提示词编写奠定坚实的基础；进而探索编写技巧，精准选词、合理排序、注意细节，提升提示词的有效性；最终聚焦专业级效果打造，从主体到场景，从风格到构图，从光线到镜头，全方位构建提示词库，助力读者创作出更加精彩、专业的AI视频作品。

5.1 AI视频提示词编写的基础思路

在编写AI视频提示词时，关键在于明确具体元素、详尽地描述场景、发挥创意并循序渐进。明确视频展示的具体对象与动作，细致地勾勒场景氛围与细节，创造性地将抽象的概念具象化，同时通过逐步引导的方式构建提示词链，确保AI准确捕捉创作意图，生成既符合需求又富有创意的视频内容。这一过程促进了用户与AI的高效沟通，以及AI的精准制作。本节将综合运用这些技巧，有效提升AI视频创作的精准度与艺术性。

5.1.1 明确具体的视频元素

在使用文生视频模型生成AI视频时，编写明确且具体的提示词对于生成符合预期的视频内容至关重要。为了确保模型能够准确捕捉创作意图并生成相应的视频，用户需要在提示词中明确描述自己想要的视频元素，如人物、动作、环境等。

例如，下面这段视频的提示词成功地构建了一个生动有趣的场景："一只小狗在热带毛伊岛上拍摄视频。"这样的描述为AI提供了足够明确的信息，从而让它生成符合提示词预期的视频内容，效果如图5-1所示。

图 5-1　效果展示

这段AI视频使用的提示词如下：
一只小狗在热带毛伊岛上拍摄视频。

5.1.2 详细描述场景的细节

在用于生成AI视频的提示词中，应尽可能详细地描述场景的每个细节，包括颜色、光线、纹理等。这种细致入微的描绘，如晨光中露珠轻颤的嫩叶、街角咖啡馆内轻柔摇曳的复古吊灯光影，乃至人物表情中微妙的情绪变化，都能激发AI精准地捕捉并再现这些瞬间。这种精准指导不仅提升了视频的真实感与情感深度，还让AI创作的作品更加栩栩如生，让人仿佛身临其境，极大地拓展了创意表达的边界。例如，以下示例展示了在郊区房屋的窗台上一枝花开花的定格动画，效果如图5-2所示。

图 5-2 效果展示

这段AI视频使用的提示词如下：
郊区一所房子的窗台上一枝花开花了，定格动画。

从图5-2可以看出，该视频提示词的描述有助于AI更好地理解和生成视频中的细节。下面是关于这段提示词的分析。

❶ 动画类型：描述中明确指出是定格动画，这是动画的一种形式，其中每个场景都是静态的，通过连续播放这些静态的场景来创建动态效果，这种明确的类型说明有助于AI模型确定视频的基本风格和技术要求。

❷ 主体与场景：描述中的"窗台上一枝花开花了"指出了视频的主体是一枝花，并且这枝花生长在郊区房屋的窗台上，这个细节为AI模型提供了场景设置和主体行为的明确指导。

❸ 环境氛围：通过"郊区一所房子"这一描述，为视频设定了一个特定的环境氛围，即郊区的宁静和安逸，这有助于AI模型在生成视频时考虑光线、色彩和背景元素，以营造这种氛围。

❹ 故事线：提示词中提到了"生长"，这意味着视频将展示花的生长过程，包括从发芽到开花的各个阶段，这个生长过程的描述为AI模型提供了视频内容的时间线和关键事件。

5.1.3　创造性地使用提示词

AI生成软件鼓励用户发挥创造力，用户可以在提示词中尝试新的组合和创意，激发AI模型的想象力，生成非常有趣的视频效果，效果如图5-3所示。

从图5-3可以看出，这段提示词充满了创意和想象力，鼓励AI探索一个全新且非传统的场景。下面来分析这段提示词的生成效果。

图5-3　效果展示

这段AI视频使用的提示词如下：
城市被淹没。鱼、鲸、海龟和鲨鱼在欧洲的街道上游动。

❶ 创意融合：提示词成功地将两个截然不同的元素（"欧洲的街道"与"各种海洋鱼类"）结合在一起，这种创意的融合为模型提供了一个广阔的想象空间，使得生成的视频内容既奇特又引人入胜。

❷ 场景设定：通过描述纽约市被淹没，提示词设定了一个独特的场景，这种设定不仅新颖，而且为接下来的元素（海洋生物在街道上游泳）提供了合理的背景。

❸ 角色与环境的互动：提示词中提到了海洋生物，如"鱼、鲸、海龟和鲨鱼"，而且这些海洋生物在街道上游泳，这种角色与环境的互动为视频增加了趣味性和新奇感。

其实，这样的提示词对AI视频软件来说是一个挑战，因为它需要AI模型在理解并融合多个不同元素的同时，还要保持逻辑和视觉的一致性。然而，这种挑战也为AI模型提供了发挥创造力的机会，鼓励它生成更加独特和有趣的视频内容。

5.1.4 逐步引导构建提示词

使用逐步引导的方式构建提示词，先描述整体场景和背景，再逐步引入角色、动作和情节，这种方式可以帮助AI更好地理解用户的意图，并生成更加符合用户期望的视频内容，效果如图5-4所示。

图5-4 效果展示

> 这段AI视频使用的提示词如下：
> 满是工人、设备和重型机械的建筑工地，平移镜头。

下面是关于这段提示词的分析。

❶ 以平移镜头展现建筑工地。平移镜头是指在拍摄过程中，相机或者无人

机沿着某一方向（多为水平方向）移动，以捕捉工地上的各种机械互相合作的画面。

❷ "满是工人"说明工地上到处都是工人，在视频中可以看到工地上忙碌的景象，工人穿梭其间，操作各种建筑设备和重型机械。

❸ 由于没有描述具体的情节，视频画面会聚焦在工地上展现各种机械设备的工作状态，展示工人和设备之间的互动，以及他们如何协同完成建筑任务。

5.2 AI 视频提示词的编写技巧

在编写AI视频提示词时，关键在于精准选择与合理排序。首先，明确视频主题与目标受众，选择能激发AI生成符合预期的关键词汇；其次，遵循逻辑与视觉层次，先设定整体氛围、场景，再细化动作、情感等细节，确保提示词顺序引导AI构建连贯的故事；同时，注意避免模糊或有歧义的词汇，保持语言简洁明了，以最大化AI创作的效率与质量。本节介绍选择提示词、有序编写提示词、清晰表达提示词3种高效编写AI视频提示词的核心技巧。

5.2.1 如何选择AI视频的提示词

在即梦AI或类似的AI视频生成模型中，选择恰当的提示词有助于生成理想的视频效果。下面介绍一些关键步骤和建议，可以帮助用户选出更具影响力的提示词。

❶ 明确目标与主题：在编写提示词之前，用户需要明确希望视频展现的主题、风格和内容，以便精准地选择相关的文本描述和词汇。例如，如果想要呈现清晨阳光中，野生动物在水里寻找食物的场景，那么"清晨、野生动物、寻找食物"就是一个很好的目标描述，效果如图5-5所示。

图 5-5 效果展示

> 这段AI视频使用的提示词如下：
> 在清晨的阳光中，几只野生动物在水里寻找食物。

☆ **专家提醒** ☆

从图5-5中可以看到，提示词清晰地界定了视频的主题（野生动物），并指定了特定的时间（清晨）及动作（寻找食物），这样的明确性有助于指导模型准确地捕捉和渲染所需的视频画面。

❷ 识别关键元素：用户要思考希望在视频中出现的核心元素，如场景、物体、人物或动物，并将它们融入提示词中。

❸ 添加风格与情感：根据自己期望的视频风格（如现实主义、印象派、超现实主义等）和情感氛围（如欢乐、宁静、神秘等），在提示词中加入相应的描述。

❹ 具体而详细：使用具体、详细的文本描述，以指导生成视频的具体细节和效果。

❺ 平衡与简洁：在提供足够信息和保持提示词简洁之间找到平衡，过于冗长的提示词可能会使AI生成模型感到困惑。

❻ 避免矛盾与模糊：确保提示词内部没有矛盾，并避免使用模糊不清或与主题不符的文本描述。

❼ 考虑文化因素：考虑到文化背景和语境对词汇的影响，不同的文化可能对同一词汇有不同的解读。例如，如果目标受众熟悉东方艺术，可以加入"如中国山水画般的背景"来增强文化共鸣。

5.2.2 AI视频提示词的编写顺序

在使用AI生成视频时，提示词的编写顺序对最终生成的视频效果具有显著影响。虽然没有绝对固定的规则，但下面这些建议性的指导原则，可以帮助用户更加有效地组织提示词，以便得到理想的视频效果。

❶ 突出主要元素：在编写提示词时，首先明确并描述画面的主题或核心元素，AI生成模型通常会优先关注提示词序列中的初始部分，因此将主要元素放在前面可以增加其权重。例如，某视频主题是参观一个美术馆，建议首先使用参观作为起始词，AI生成模型将理解场景应该设定在室内，并且具有美术馆的氛围和布局。

❷ 细化具体细节：在明确了主要元素和整体风格后，继续添加更具体的细节描述，能够进一步指导AI生成模型渲染出更丰富的画面特征。例如，在"参观一个美术馆"这个提示词的基础上，加入"里面有许多不同风格的美丽艺术品"，这样AI生成模型将能够更好地捕捉和呈现美术馆内的艺术品和氛围，效果如图5-6所示。

图 5-6　效果展示

> 这段AI视频使用的提示词如下：
> 参观一个美术馆，里面有许多不同风格的美丽艺术品。

❸ 定义风格和氛围：在确定了主要元素后，紧接着添加描述整体感觉或风格的词汇，这样可以帮助AI模型更好地把握画面的整体氛围和风格基调。

❹ 补充次要元素：最后可以添加一些次要元素或对整体视频影响较小的文本描述，这些元素虽然不是画面的焦点，但它们的加入可以增加视频的层次感和丰富性。

5.2.3　AI视频提示词的编写事项

掌握了AI提示词的编排顺序后，用户可以了解下面这些注意事项，以进一步优化提示词的生成效果。

❶ 简洁精练：虽然详细的提示词有助于指导AI模型，但过于冗长的提示词可能会导致AI模型混淆，因此应尽量保持提示词简洁而精确，效果如图5-7所示。

图 5-7　效果展示

这段AI视频使用的提示词如下：
一个戴着小红帽头巾的灰狼宝宝在花草中，蝴蝶飞舞。

从图5-7中可以看到，这种简洁性不仅提高了AI模型的理解能力，还有助于提高视频内容的清晰度和一致性。

❷ 平衡全局与细节：在描述具体细节时，不要忽视整体概念，确保提示词既展现全局，又包含关键细节。

❸ 发挥创意：使用比喻和象征性语言，激发模型的创意，生成独特的视频效果，如"时间的河流，历史的涟漪"。

❹ 合理运用专业术语：若用户对某领域有深入了解，可以运用相关专业术语以获得更专业的结果，如"巴洛克式建筑，精致的雕刻细节"。

5.3　打造专业级效果的 AI 视频

在打造专业级视频效果的提示词库中，涵盖了从主体特征到镜头参数的全方位指导。主体特征强调主角或焦点的突出与表达，场景特征则关注背景设置与氛围营造，艺术风格定义了视频的视觉基调，画面构图讲究元素布局与视觉引导，环境光线影响整体色调与情绪的传达，镜头参数则精确控制拍摄效果，确保每一帧都尽显专业。本节全面介绍提升视频专业度的关键要素，助力创作者实现高质量的视觉呈现。

5.3.1　构建主体特征的提示词

在使用AI生成视频时，主体特征提示词是描述视频主角或主要元素的重要词汇，它们能够帮助AI模型理解和创造出符合要求的视频内容。主体特征提示词包括但不限于以下几种类型，如表5-1所示。

表 5-1　主体特征提示词示例

特征类型	特征描述	特征举例
外貌特征	描述人物的面部特征	如眼睛、鼻子、嘴型、脸型等
	描述身材和体型	如高矮、胖瘦、肌肉发达程度等
	描述肤色、发型、发色等外观特征	如肤色白皙、短发、金色头发等
服装与装饰	描述人物的服装风格	如正装、休闲装、运动装等
	指定具体的服装款式或颜色	如西装、T恤、连衣裙等
	提及佩戴的饰品或配件	如项链、手表、耳环等
动作与姿态	描述人物的动态行为	如走路、跑步、跳跃等
	提示特定的姿势或动作	如站立、坐着、躺着等
	描述人物与环境的交互	如握手、拥抱、推拉等
情感与性格	提示人物的情感状态	如快乐、悲伤、愤怒等
	描述人物的性格特点	如勇敢、聪明、善良等
身份与角色	明确指出人物的社会身份	如企业家、运动员、老师等
	描述人物在视频中的特定角色或职责	如邻居、勇敢者、英雄等

通过灵活运用主体特征提示词，可以更加精确地控制AI生成的视频内容，使其更符合用户的期望和需求。主体特征提示词的具体用法如下。

❶ 组合使用：用户可以将多个主体特征提示词组合起来，形成一个完整的描述，以更精确地指导AI模型生成符合要求的视频。例如，"在森林里有一位精致的穿着中国藏族服饰的漂亮亚洲女孩，愉快地漫步。"效果如图5-8所示。

图 5-8　效果展示

❷ 尝试改变主体特征：不要局限于一种主体描述方式，尝试使用不同的词汇和表达方式，以探索不同的视频生成效果。例如，在上一例提示词的基础上，对描述内容进行适当修改，可以生成不同主体特征的视频。例如，将提示词改为："在高原上有一位精致的穿着蓝色牛仔裤和白色T恤的漂亮亚洲女孩，愉快地漫步。"效果如图5-9所示。

图 5-9 效果展示

☆ 专家提醒 ☆

由图 5-9 可以看出,在提示词中对人物装扮(穿着蓝色牛仔裤和白色T恤)进行了修改,并且将视频背景设置为高原上,营造出了一种神秘的环境氛围。

5.3.2 构建场景特征的提示词

在使用AI生成视频时,场景特征提示词是用来描述视频中的环境、背景、氛围等细节的关键词或短语,这些提示词可以帮助AI模型生成更加生动、真实的场景氛围。表5-2所示为一些常见的场景特征提示词。

表 5-2 常见的场景特征提示词

特征类型	特征描述	特征举例
地点	使用国家、城市、地区名称	如巴黎的街头、日本的乡村
	描述具体的建筑或地标	如长城之上、埃菲尔铁塔之下
	使用自然环境描述	如森林中、沙滩上
时间	使用具体的时间点	如清晨、黄昏
	描述季节或天气	如夏日炎炎、冬日雪景
	使用节日或特殊日期	如元宵节之夜、新年钟声响起时
氛围	描述光线和阴影	如柔和的阳光下、斑驳的树影中
	使用颜色或色调来营造氛围	如温暖的橙色调、冷静的蓝色调
	描述声音或气味	如微风轻拂的声音、花香四溢
场景细节	描述建筑物或环境的特征	如古老的石板路、现代的摩天大楼
	使用道具或装饰来丰富场景	如街头的涂鸦艺术、树上的彩灯
	强调人物与环境的交互或位置	如人群中孤独的旅人、市场中的热闹摊位

在使用场景特征提示词时,应使用具体、明确的词汇来描述场景,避免使用模糊或含糊不清的表达,这有助于AI更准确地理解并生成符合描述的视频内容。通过描述环境的细节、道具的摆放、人物的交互行为等,丰富场景的内容,这有助于AI在视频中营造出不同的情感氛围,提高观众的沉浸感和参与感。

第 5 章 技巧一：AI 视频的提示词编写

另外，可以将不同的场景特征提示词组合在一起，创建出更加复杂和丰富的场景描述。例如，用户可以结合地点、时间、氛围和细节等多个方面的描述，来构建一个完整的场景画面，效果如图5-10所示。

需要注意的是，在使用场景特征提示词时，可能需要多次测试和调整才能找到最佳的组合和表达方式。用户可以通过观察AI生成的视频结果，不断调整和优化场景特征提示词，以获得更满意的效果。

图 5-10 效果展示

这段AI视频使用的提示词如下：
一个纸质珊瑚礁工艺品，其中充满了色彩斑斓的鱼类和海洋生物，纸质工艺，手工艺。

☆ 专家提醒 ☆

上面这段视频的提示词，成功地结合了材质（纸质）和主体（色彩斑斓的鱼类和海洋生物），来构建一个完整的场景画面。它创造了一个富有想象力和创造力的场景，并通过强调纸质工艺品，传达出一种独特而富有艺术感的氛围。这样的场景特征描述可以激发AI的创造力，生成一个既美观又富有细节的珊瑚礁场景。

在提示词中，还使用了形容词来强调场景的美观和精致，进一步增强了场景的描述力和吸引力。这样的表达方式有助于AI生成高质量的视频内容，满足用户对场景美观度的要求。

需要注意的是，由于AI模型的生成能力有限，过于复杂或超出AI模型理解

105

范围的场景描述可能会导致生成结果不尽如人意。因此，在使用场景特征提示词时，需要平衡描述内容的具体性和模型的生成能力。

5.3.3 构建艺术风格的提示词

在使用AI生成视频时，艺术风格提示词是用来指定或影响生成内容艺术风格的关键词或短语。艺术风格不仅可以显著影响视频的视觉效果，还能塑造特定的情感氛围，为观众带来独特的视觉体验。表5-3所示为一些常见的艺术风格提示词，这些提示词可以帮助AI捕捉并体现出特定的艺术风格、流派或视觉效果。

表5-3 常见的艺术风格提示词

风格类型	提示词示例
抽象艺术	抽象表现主义、几何抽象、涂鸦艺术、非具象绘画
古典艺术	巴洛克风格、文艺复兴、古典油画、古代雕塑
现代艺术	印象派、立体主义、超现实主义、极简主义
流行艺术	波普艺术、街头艺术、涂鸦墙、漫画风格
民族或地域风格	中国水墨画、日本浮世绘、印度泰米尔纳德邦绘画、北欧风格
绘画媒介和技巧	水彩画、油画、粉笔画、素描
色彩和调色板	黑白摄影、色彩鲜艳、暗调、冷色调/暖色调
风格和艺术家	梵高风格、毕加索风格、蒙德里安风格、莫奈风格
电影或视觉特效	电影感镜头、复古电影效果、动态模糊、光线追踪
混合风格	数码艺术与传统绘画结合、现实与超现实的融合、东西方艺术的交融、古典与现代的碰撞

艺术风格提示词的使用技巧如下。

❶ 直接点名风格：使用明确、具体的艺术风格名称。例如，如果用户想要生成电影般的画面效果，可以使用电影风格这样的提示词，相关示例如图5-11所示。从图5-11可以看出，这段提示词设计得非常详细具体，它旨在生成一个具有电影预告片风格、胶片电影质感且色彩鲜艳生动的画面，其中包含一个中年亚洲男性的太空人，背景是太空舱。同时，这段提示词中还包含几个关键的艺术风格提示词，这些都将影响最终生成的画面效果，相关提示词的作用如下。

• "电影风格"这一提示词意味着生成的画面具有电影般的质感，包括适当的镜头运用、光影效果及可能的后期处理，如调色、特效等，这将使画面看起来更加专业和引人入胜。

图 5-11 效果展示

> 这段AI视频使用的提示词如下：
> 一位中年亚洲男性在太空舱中与地面人员通信，电影风格，用35毫米胶片拍摄，色彩生动，真实。

- "用35毫米胶片拍摄"这一提示词则暗示了画面应该具有一种胶片电影的质感，可能包括颗粒感、色彩饱和度和对比度等方面的特点，这种风格通常给人一种经典、怀旧的感觉，同时也能够增加画面的真实感和质感。
- "生动色彩"这一提示词则强调了画面色彩的鲜艳和生动，这意味着AI模型在生成视频时，会尽可能地提高画面色彩的饱和度和对比度，使得画面更加鲜明和引人注目。

❷ 尝试与探索：不要害怕尝试新的、非传统的艺术风格组合，通过组合不同的风格，可能会有一些意想不到的效果。但需要注意的是，不是所有的艺术风格都适合任何场景或内容，必须确保选择的艺术风格与场景描述或生成目标相匹配。

❸ 考虑目标受众：在选择艺术风格时，考虑目标受众。不同的风格可能会吸引不同的观众群体，因此选择与目标受众相匹配的风格是很重要的。

❹ 逐步细化：如果初次生成的结果不符合预期，可以逐步调整并细化艺术风格提示词。例如，可以从"抽象艺术"这个宽泛的类别开始，然后逐步细化为"几何抽象"或"涂鸦艺术"。

❺ 结合场景描述：将艺术风格提示词与具体的场景描述结合起来。例如，如果用户想要生成一个森林场景的视频，可以使用"森林中的光影交错"作为场景描述，并结合"印象派风格"或"水彩画风格"来影响视觉效果。

☆ 专家提醒 ☆

通过巧妙地使用艺术风格提示词，用户可以控制并影响AI生成视频的艺术方向和视觉效果，从而创造出独特且富有创意的视频内容。需要注意的是，不同的模型可能对不同的艺术风格有不同的理解和生成能力。

5.3.4 描述画面构图的提示词

在使用AI生成视频时，画面构图提示词用于指导AI模型如何组织和安排画面中的元素，以创造出有吸引力和故事性的视觉效果。表5-4所示为一些常见的画面构图提示词及其描述。

表5-4 常见的画面构图提示词及其描述

提示词示例	提示词描述
横画幅构图	最常见的构图方式，通常用于电视、电影和大部分摄影作品。采用这种构图的画面宽度大于高度，给人一种宽广、开阔的感觉，适合展现宽广的自然风景、大型活动等场景，也常用于人物肖像拍摄，以展现人物与背景的关系
竖画幅构图	画面的高度大于宽度，给人一种高大、挺拔的感觉，适合展现高楼大厦、树木等垂直元素，也常用于拍摄人物的全身像，以强调人物的高度和身材
方形画幅构图	画面的高度和宽度相等，呈正方形，给人一种平衡、稳定、正式的感觉，适合展现中心对称的场景，如建筑、花卉等
对称构图	画面中的元素被安排成左右对称或上下对称，可以创造一种平衡和稳定的感觉
前景构图	明确区分前景和背景，使观众能够轻松识别出主要的视觉焦点
三分法构图	将画面分为三等份，将重要的元素放在这些线条的交点或线上，这是一种常见的构图方式，有助于引导观众的视线
引导线构图	使用线条、路径或道路等元素来引导观众的视线，使画面更具动态感和深度
对角线构图	将主要元素沿对角线放置，以创造一种动感和张力
深度构图	通过使用不同大小、远近和模糊程度的元素来创造画面的深度感

续表

提示词示例	提示词描述
重复构图	使用重复的元素或图案来营造视觉上的统一感和节奏感
平衡构图	确保画面在视觉上是平衡的，避免一侧过于拥挤或另一侧太空旷
对比构图	通过对比元素的大小、颜色、形状等，来突出重要的元素或创造视觉冲击力
框架构图	使用框架或边框来突出或包含重要的元素，增强观众的注意力
动态构图	通过元素的移动、旋转或形状变化来创造动态的视觉效果
焦点构图	将观众的视线引导至画面的一个特定点，突出该元素的重要性

通过巧妙地使用画面构图提示词，可以指导AI生成主体突出、层次丰富的视频内容。例如，下面这个视频就结合了"竖画幅构图+前景构图+焦点构图"多种形式，更好地强调和突出了画面主体，效果如图5-12所示。

图 5-12 效果展示

这段AI视频使用的提示词如下：
这是变色龙的特写镜头，背景模糊，这只动物引人注目的外表引起了人们的注意。

从图5-12可以看出，画面中的变色龙作为主要对象被突出展示，而背景则被模糊处理，这样的构图方式不仅让观众更加关注变色龙本身，还增强了画面的视觉效果，相关分析如下。

❶ 视频采用竖画幅构图，适合展现垂直元素，如本例中的变色龙。通过将画面设置为竖画幅，AI可以生成一个更加突出变色龙特征的画面，强调其独特的形态。

❷ 提示词中虽然没有明确提到前景元素，但通过特写镜头和背景模糊的处理方式，使AI可以生成一个模糊的背景，从而让观众的注意力集中在前景的变色龙上。这种处理方式有效地突出了变色龙这一主要对象，并增强了画面的层次感。

❸ 在生成这段视频的提示词中，画面焦点无疑就是变色龙，通过强调其引人注目的外观，AI可以生成一个以变色龙为中心的画面，将观众的视线牢牢吸引在这个画面焦点上。

5.3.5 描述环境光线的提示词

在使用AI生成视频时，环境光线是影响场景氛围和视觉效果的重要因素。表5-5所示为一些常见的环境光线提示词及其描述，这些提示词可以指导AI模型生成具有不同光照效果和氛围的视频内容。

表 5-5　常见的环境光线提示词及其描述

提示词示例	提示词描述
自然光	模拟自然界中的光源，如日光、月光等，通常呈现出柔和、温暖或冷峻的效果，且根据时间和天气条件而异，如清晨的柔光、午后的烈日、黄昏的余晖、月光下的静谧等
软光	光线柔和，没有明显的阴影和强烈的对比，给人一种温暖、舒适的感觉，如柔和的室内照明、温馨的烛光、漫射的自然光
硬光	光线强烈，有明显的阴影和对比度，可以营造出强烈的视觉冲击，如强烈的阳光直射、刺眼的聚光灯、硬朗的阴影效果
逆光	光源位于主体背后，可以产生强烈的轮廓光和背光效果，使主体与背景分离，如夕阳下的逆光剪影、背光下突出的轮廓
侧光	光源从主体侧面照射，可以产生强烈的侧面阴影和立体感，如侧光下的雕塑感、侧面阴影的戏剧效果、侧光下的细节展现
环境光	用于照亮整个场景的基础光源，可以提供均匀而柔和的照明，营造出整体的光照氛围，如均匀的环境照明、微妙的环境光影、柔和的环境光晕
霓虹灯光	光线的色彩鲜艳且闪烁不定，为视频带来一种繁华而充满活力的氛围，如都市霓虹、梦幻霓虹等
点光源	模拟点状光源，如灯泡、烛光等，可以产生集中而强烈的光斑和阴影，如温馨的烛光照明、聚光灯下的戏剧效果、点光源营造的神秘氛围
区域光	模拟特定区域或物体的光源，为场景提供局部照明，如窗户透过的柔和光线、台灯下的阅读氛围、区域光照亮的重点突出
暗调照明	整体场景较为昏暗，强调阴影和暗部的细节，可以营造出神秘、紧张或忧郁的氛围，如暗调下的神秘氛围、阴影中的细节探索、昏暗环境中的情绪表达
高调照明	整体场景明亮，强调亮部和高光部分，营造出清新、明亮或梦幻的氛围，如高调照明下的清新氛围、明亮的场景展现、高光突出的细节强调

例如，下面这段提示词生成了一个情感丰富且引人入胜的动画场景，效果如图5-13所示，其中光线的相关描述在构建氛围和情感表达上起到了关键作用。

图 5-13 效果展示

> 这段AI视频使用的提示词如下：
> 在哥特式建筑废墟里有一位漂亮的亚洲女孩，电影情节中的分镜，自然光线，8K高清。

从图5-13可以看出，自然光线为场景提供了主要的光源。自然光通常具有柔和、银色的光芒，为整个场景营造出一种静谧而神秘的氛围。

再例如，下面这段提示词成功地构建了一个充满未来感和科技感的霓虹城市夜晚场景，通过"充满霓虹灯的街道上"和"霓虹灯光"等描述，不仅使场景具有强烈的视觉冲击，还使萨摩耶和金毛的形象更加真实、生动，效果如图5-14所示。

图 5-14 效果展示

> 这段AI视频使用的提示词如下：
> 一只萨摩耶和一只金毛趴在充满霓虹灯的街道上，附近建筑物发出的霓虹灯光在皮毛上闪闪发光。

☆ 专家提醒 ☆

准确的提示词在视频生成中发挥着关键作用，通过细致入微的词汇选择与精准描述，不仅能够让视频内容紧贴主题，还能在场景构建、情感表达及细节呈现上达到高度一致。

5.3.6 描述镜头参数的提示词

在使用AI生成视频时，镜头参数提示词可以用来指导AI模型如何调整镜头焦距、运动、景深等属性。表5-6所示为一些常见的镜头参数提示词及其描述。

表5-6 常见的镜头参数提示词及其描述

提示词示例	提示词描述
镜头类型	指定摄像机的镜头类型，如广角镜头、长焦镜头、鱼眼镜头等。例如，使用广角镜头捕捉宽阔的场景或长焦镜头聚焦特定细节
焦距	调整镜头的焦距，控制画面的清晰度和视角大小。例如，拉近焦距以突出主体；推远焦距以获得更宽广的视野
镜头运动	模拟摄像机的运动轨迹，如推拉运镜、跟随运镜、旋转运镜、升降运镜等。例如，跟随运镜以追踪移动的主体；旋转运镜以展示对象全景；推拉运镜以突出或远离画面细节
镜头速度	控制镜头运动的移动速度，包括推拉、旋转和跟随的速度。例如，快速移动镜头以营造紧张感，缓慢移动镜头以营造宁静的氛围
镜头抖动	模拟摄像机的抖动效果，为画面增加动态感和真实感。例如，在特定场景中加入轻微的镜头抖动，以模拟手持摄像机拍摄的效果
景深	控制场景中前、后景的清晰程度，模拟摄影中的景深效果。例如，深景深可以展示前、后景更多清晰的细节，浅景深可以突出主体并模糊背景
镜头稳定	保持镜头的稳定性，减少不必要的晃动和抖动。例如，使用镜头稳定功能来平滑摄像机的运动，保持画面的清晰和稳定

☆ 专家提醒 ☆

在使用AI生成视频时，精准描述镜头参数的提示词能够将复杂的摄影技术门槛大幅降低。通过直观的动画与清晰的解说，AI不仅解读了焦距、光圈、快门速度等

第 5 章 技巧一：AI 视频的提示词编写

关键参数的意义，更巧妙地将这些专业术语转化为易于理解的提示词，让观众在轻松的氛围中掌握镜头语言，激发无限创意灵感，让每一次拍摄都精准到位，作品更添专业风采。

这些镜头参数提示词可以指导 AI 模型生成具有不同视觉效果的视频内容。通过合理地组合和调整这些参数，用户可以创造出丰富多样的镜头运动和视觉效果，使生成的视频更具吸引力和表现力，效果如图 5-15 所示。

图 5-15　效果展示

> 这段 AI 视频使用的提示词如下：
> 3D，OC 渲染，戴着泳镜在水下游泳的女生，脸部微微侧对镜头，五官精致，面容姣好，夸张的透视，鱼眼镜头，超广角，超精细渲染风格，高清逼真，HDR。

从图 5-15 可以看出，通过精心选择镜头参数，成功地构建了一个生动而逼真的海底场景。提示词中的"鱼眼镜头"和"超广角"设定了使用超广角镜头来捕捉整个海底场景。

另外，提示词中的 HDR（High-Dynamic Range，高动态范围），指出了画面使用了 HDR 技术，让 AI 模型能够捕捉并展现出更广泛的亮度范围，从深邃的海洋蓝到阳光下明亮的细节，都能够在画面中得以保留，增强了画面的层次感和真实感。

本章小结

本章深入探讨了AI视频提示词的编写策略与技巧，从基础思路到专业级效果打造，全面覆盖。学习本章内容后，读者将掌握如何精准选择、有序编排提示词，以激发AI生成高质量的视频。同时，通过构建主体、场景、风格、构图、光线及镜头等全方位提示词库，读者将能够驾驭复杂的场景，实现个性化创意表达，提升视频制作的专业度与效率。

▶ 第 6 章

技巧二：AI 视频的脚本创作

本章旨在深入探索脚本文案创作的奥秘，从基础理论到实战应用，全面解锁短视频脚本创作的核心技能。让读者通过理解脚本的内涵、作用及类型，为创意策划奠定坚实的基础。用户可以借助DeepSeek高效地生成个性化、高质量的脚本文案。本章案例涵盖短视频主题策划、内容创作、分镜头设计到吸引人的标题等全方位的技巧。除此之外，本章还通过实战演练——生成5种不同风格的短视频文案，激发大家无限的创意潜能。

6.1 了解脚本的基础知识

脚本是影视、广告、动画等内容创作中，用于指导和规划视听元素呈现的文字描述。它详细设定了对话、场景、动作、镜头切换等，是创意构思与实际制作之间联系的桥梁。了解脚本的基础知识，首先需要认识脚本的内涵（包括镜号、景别、运镜、画面、设备等），然后认识脚本的作用，并了解脚本的类型。掌握这些基础知识，能更有效地将创意转化为具体可执行的方案。

例如，在运用文本生成视频的过程中，用户需要提供脚本AI才能进行内容分析和素材匹配，说明脚本是短视频的基础和灵魂，对剧情的发展与走向有决定性的作用。为了获得满意的视频效果，用户需要掌握短视频脚本的相关知识。因此，在学习如何使用AI编辑脚本之前，首先要了解脚本的基础知识。

6.1.1 认识脚本的内涵

脚本是用户拍摄和剪辑短视频的主要依据，能够提前统筹安排好短视频拍摄过程中的所有事项，如什么时候拍、用什么设备拍、拍什么背景、拍谁以及怎么拍等。表6-1所示为一个简单的短视频脚本模板。

表6-1 一个简单的短视频脚本模板

镜号	景别	运镜	画面	设备	备注
1	远景	固定镜头	在天桥上俯拍城市中的车流	手机广角镜头	延时摄影
2	全景	跟随运镜	拍摄主角从天桥上走过的画面	手持稳定器	慢镜头
3	近景	上升运镜	从人物手部拍到头部	手持拍摄	
4	特写	固定镜头	人物脸上露出开心的表情	三脚架	
5	中景	跟随运镜	拍摄人物走下天桥楼梯的画面	手持稳定器	
6	全景	固定镜头	拍摄人物与朋友见面问候的场景	三脚架	
7	近景	固定镜头	拍摄两人手牵手的温馨画面	三脚架	后期背景虚化
8	远景	固定镜头	拍摄两人走向街道远处的画面	三脚架	欢快的背景音乐

在创作一个短视频的过程中，所有参与前期拍摄和后期剪辑的人员都需要遵从脚本的安排，包括摄影师、演员、道具师、化妆师、剪辑师等。如果短视频没有脚本，很容易出现各种问题，比如拍到一半发现场景不合适，或者道具没有准

备好，或者演员少了，又需要花费大量时间和资金去重新安排和做准备。这样不仅会浪费时间和金钱，而且也很难制作出想要的短视频效果。

6.1.2 认识脚本的作用

短视频脚本主要用于指导所有参与短视频创作的工作人员的行为和动作，从而提高工作效率，并保证短视频的质量。图6-1所示为短视频脚本的作用。

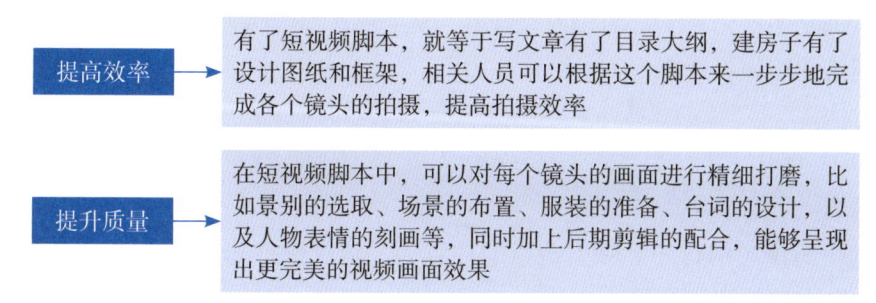

提高效率	有了短视频脚本，就等于写文章有了目录大纲，建房子有了设计图纸和框架，相关人员可以根据这个脚本来一步步地完成各个镜头的拍摄，提高拍摄效率
提升质量	在短视频脚本中，可以对每个镜头的画面进行精细打磨，比如景别的选取、场景的布置、服装的准备、台词的设计，以及人物表情的刻画等，同时加上后期剪辑的配合，能够呈现出更完美的视频画面效果

图 6-1 短视频脚本的作用

6.1.3 了解脚本的类型

短视频的时长虽然很短，但只要用户足够用心，精心设计短视频的脚本和每一个镜头画面，让短视频的内容更加优质，就能获得更多上热门的机会。短视频脚本一般分为分镜头脚本、拍摄提纲和文学脚本3种，如图6-2所示。

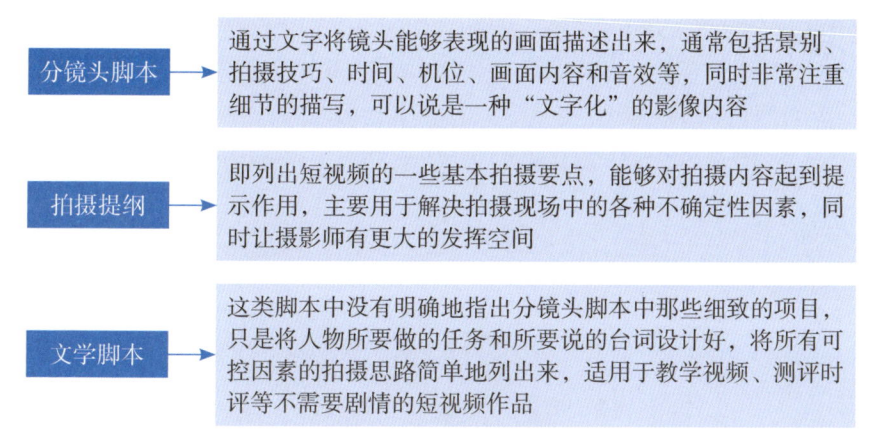

分镜头脚本	通过文字将镜头能够表现的画面描述出来，通常包括景别、拍摄技巧、时间、机位、画面内容和音效等，同时非常注重细节的描写，可以说是一种"文字化"的影像内容
拍摄提纲	即列出短视频的一些基本拍摄要点，能够对拍摄内容起到提示作用，主要用于解决拍摄现场中的各种不确定性因素，同时让摄影师有更大的发挥空间
文学脚本	这类脚本中没有明确地指出分镜头脚本中那些细致的项目，只是将人物所要做的任务和所要说的台词设计好，将所有可控因素的拍摄思路简单地列出来，适用于教学视频、测评评等不需要剧情的短视频作品

图 6-2 短视频的脚本类型

117

总结来说，分镜头脚本适用于剧情类的短视频内容，拍摄提纲适用于访谈类或资讯类的短视频内容，文学脚本则适用于没有剧情的短视频内容。

6.2 利用 DeepSeek 生成脚本

DeepSeek具备强大的自然语言处理能力和智能推理能力，能够利用先进的人工智能技术，自动化生成高质量、个性化的AI短视频脚本。用户可以利用DeepSeek来生成创意丰富的短视频脚本，从而创作出吸引人的短视频内容。本节将介绍策划短视频主题、生成短视频脚本、生成分镜头脚本、生成短视频标题的操作方法。

6.2.1 策划短视频的主题

制作短视频的目的是吸引观众的注意力，传达信息和情感，因此用户首先要策划一个好的主题，具体方法如下。

步骤01 在DeepSeek的文本框中输入相应的指令，按"Enter"键发送。稍等片刻，即可得到DeepSeek生成的回复，相关指令和回复内容如下。

提问

帮我推荐10个热门短视频话题。

DeepSeek

在当前的短视频平台上，热门话题层出不穷，它们往往反映了社会热点、文化趋势以及用户兴趣的变化。以下是结合当前趋势和热门内容，为您推荐的10个热门短视频话题：

1. 生活Vlog与日常分享：记录个人的日常生活，如旅行、美食制作、家居改造等，展现真实、有趣的生活片段。

2. 教育类短视频：知识科普、技能教学、语言学习等，如烹饪技巧、编程基础、语言学习等。

3. 时尚与美妆：分享快速化妆教程、穿搭灵感、时尚趋势等，适合追求时尚和美丽的年轻观众。

4. 宠物与动物：记录宠物的有趣瞬间、分享养宠物的小知识、制作动物搞笑合集等。

5. 社会热点与时事评论：对当前社会热点和新闻事件进行简短评论，用简洁明了的方式解析复杂的时事新闻。

……

☆ 专家提醒 ☆

在这个案例中，为了方便读者阅读，使DeepSeek生成的内容更加明显，特采用文字版进行案例展示。

因为本书篇幅原因，AI工具回复的内容只展示要点，详细的回复内容请看随书提供的效果完整文件。

步骤02 让DeepSeek在"时尚与美妆"这个大的类目下，列出一些热门的视频主题，相关指令和回复内容如下，即可完成热门短视频主题的策划。

提问

关于"时尚与美妆"，给我10个视频主题建议。

DeepSeek

当然，关于"时尚与美妆"领域，以下是10个视频主题建议，旨在吸引观众的兴趣并提供有价值的内容。

1. "日常快速出门妆"：分享一个简单快捷的妆容教程，适合忙碌的早晨，帮助观众在短时间内打造出自然又精神的妆容。

2. "换季妆容大变身"：根据季节变化，展示不同季节适合的妆容风格，如春季清新妆、夏日海滩妆、秋季枫叶妆、冬季暖阳妆等。

3. "美妆产品空瓶记"：分享自己使用完并真心推荐的美妆产品，包括粉底液、口红、眼影盘等，讲述使用感受和效果。

4. "护肤秘籍大公开"：针对特定肌肤问题（如痘痘、黑头、敏感等），提供有效的护肤步骤和产品推荐，帮助观众改善肌肤状况。

5. "化妆技巧大挑战"：进行一项有趣的化妆挑战，如只用五样化妆品完成全妆或尝试高难度的妆容技巧，如眼妆切割法、晕染腮红等。

......

6.2.2 生成短视频的脚本

在短视频内容创作领域，确定一个吸引人的主题是至关重要的第一步。一旦确定主题，创作者便可以利用DeepSeek来生成详细的脚本内容。DeepSeek能够根据用户提供的主题，结合当前流行趋势、目标受众的兴趣点及创意元素，自动生成内容丰富、结构完整的脚本。这不仅大大提升了创作效率，还能确保视频内容的新颖性和吸引力，相关案例如下。

提问

根据主题"创意DIY与手工艺",写一个抖音短视频脚本,语气:分享人口吻、惊喜、轻松。

DeepSeek

【视频开头】

画面缓缓拉开,镜头对准一堆五彩斑斓的材料:彩色纸张、布艺边角料、废旧玻璃瓶、干花、珠子等,背景音乐轻快且充满好奇心。

旁白(充满惊喜的语气):"嘿,小伙伴们,你们准备好了吗?今天咱们要一起探索创意DIY的奇妙世界,让废旧物品焕发新生,手作乐趣无限大!"

【镜头切换】

镜头快速切换至一双灵巧的手,开始挑选材料,脸上洋溢着期待的笑容。

旁白(轻松愉快地):"看这里,这些不起眼的材料,在我们的巧手下,即将变身成为独一无二的创意作品!首先,让我们从这个废旧玻璃瓶开始吧!"

【制作过程】

……

【成品展示】

……

【结尾互动】

……

【视频结束】

……

6.2.3 生成分镜头的脚本

分镜头脚本是用来描述短视频中每一个镜头内容和细节的文稿,通常包含标题、场景描述、景别、运镜、台词或对白、道具、节奏和节拍等要素。用户在DeepSeek中生成分镜头脚本时,可以根据具体的需求来安排这些要素,相关案例如下。

提问

你是一名专业的旅游博主,正在写一个关于张家界旅游视频的脚本,脚本中需要包括当下短视频的热门元素,开篇5s迅速吸引人的眼球,中间有反转,结尾有惊喜,脚本中要包括分镜序号和景别(中、近、远、特写等镜头)。

DeepSeek

【视频脚本：《仙境张家界，探秘反转之旅》】
【开篇】
分镜1：（远景）
画面：清晨的第一缕阳光穿透云雾，照耀在张家界天门山的壮丽峰林上，云雾缭绕，如梦似幻。
旁白（激动而神秘）："在世界的尽头，有一处被遗忘的仙境，它，就是张家界！5秒，带你穿越现实与梦幻的边界。"
【中篇】
分镜2：……
分镜3：……
分镜4：……
分镜5：……
【结尾】……
通过这样的脚本设计，不仅融合了当下短视频的热门元素（如古装、武侠、反转剧情），还巧妙地运用了分镜和景别变化，使得视频内容丰富、节奏紧凑，既能迅速吸引眼球，又能给观众带来惊喜和满足感。

6.2.4　生成短视频的标题

除了策划主题和生成脚本，DeepSeek还可以用来生成短视频标题。短视频标题是短视频内容的"门面"，它在吸引观众、传达信息和提升视频传播效果方面发挥着至关重要的作用。一个吸引人的标题能够迅速抓住观众的眼球，激发他们的好奇心，促使他们点击观看，从而在社交媒体上获得更广泛的传播，相关案例如下。

提问

提供10个主题为"宿舍好物分享"的短视频标题文案，要求：①突出受众痛点；②能够快速吸引人眼球，并使受众产生观看视频内容的兴趣。

DeepSeek

1. "宿舍收纳大改造！告别拥挤杂乱，小空间也能收纳得井井有条"
2. "熬夜党必备！这款护眼台灯，守护你的深夜学习时光"
3. "静音神器来袭！宿舍也能享受宁静，好眠不再被打扰"

4. "告别冰冷铁床！超软床垫，让宿舍秒变温馨小窝"
5. "宿舍美食不将就！迷你电饭煲，一人食也能精致满满"
6. "节水又环保！多功能节水龙头，宿舍生活更绿色"
7. "小小挂钩大作用！墙壁收纳让宿舍空间翻倍"
8. "便携式加湿器，和宿舍干燥说拜拜，肌肤水润的秘密武器"
9. "静音键盘新体验！宿舍打字不再扰人，学习、娱乐两不误"
10. "快速充电不求人！宿舍必备快充插座，电量满满不断电"

6.3 生成5种不同的短视频脚本

用户在运用DeepSeek生成短视频脚本时，可以根据短视频的不同类型来撰写指令，从而生成更具有针对性、创意丰富、更吸引人的短视频脚本。本节将介绍情景短剧、心理情感、知识科普、干货分享、影视解说这5类热门短视频脚本的生成方法。

6.3.1 生成情景短剧脚本

情景短剧类脚本通常以一个小故事的形式来抒发情感、反映社会问题。不过，想让视频吸引更多关注，用户就要在生成脚本时要求DeepSeek设置剧情冲突，这样才不会让观众在观看时觉得无聊。下面介绍运用DeepSeek生成情景短剧类脚本的操作方法。

步骤01 在DeepSeek的文本框中输入对话前提，确认DeepSeek对情景短剧类脚本的了解程度，相关指令和回复内容如下。

提问

你了解情景短剧类脚本吗？

DeepSeek

情景短剧类脚本是短视频创作中的重要组成部分，它负责构建故事情节、塑造角色形象、营造氛围并引导观众情感。以下是对情景短剧类脚本的详细介绍。
一、文案特点
1. 短小精悍：短视频的时长限制要求文案必须简洁明了，能够在短时间内传达出核心信息和情感。在抖音等平台，视频时长通常在一分钟以内，因此文案需要高度凝练，避免冗长。
2. 情节紧凑：情景短剧类短视频文案需要设计紧凑的情节，通过快速的情节推进和反转来吸引观众的注意力。这要求文案在有限的篇幅内，能够巧妙地安排冲突、悬念和转折，使故事充满张力。
3. 角色鲜明：文案需要塑造出鲜明的角色形象，通过角色的语言、行为和心理活动来展现其性格特点和情感变化。这有助于观众更好地理解和代入故事情境。
4. 情感共鸣：……
二、脚本结构：……
三、脚本创作技巧：……

综上所述，情景短剧类脚本是短视频创作中的重要组成部分，需要注重短小精悍、情节紧凑、角色鲜明和情感共鸣等特点。在创作过程中，可以运用细节描写、修辞手法等技巧来提升文案的表现力和感染力，同时结合热点话题来增强文案的吸引力和传播力。

步骤02 在DeepSeek的文本框中输入对视频脚本的具体需求，指导DeepSeek生成特定的视频脚本，相关指令和回复内容如下。

提问

以"男孩和女孩吵架"为主题，创作一篇情景短剧类脚本，要求：设置剧情冲突，结局感人。

DeepSeek

【视频标题】：《雨后的和解》

场景一：雨中争执

（画面渐显，灰蒙蒙的天空下着细雨，街道上行人匆匆。镜头聚焦在一对年轻男女身上，女孩手持一把半开的伞，眼神中带着怒气；男孩则站在几步之外，眉头紧锁，双手插在口袋里。）

女孩（声音微颤）："你总是这样，遇到问题就逃避！我们的问题，你什么时候能正面解决？"

男孩（低声回应）："我也有我的压力，你以为我不想解决吗？你总是那么咄咄逼人。"

（两人之间的气氛愈发紧张，雨水似乎也在为他们的争执伴奏，滴答声清晰可闻。）

场景二：回忆闪回

（画面突然切换成一系列温馨快闪，两人共同度过的快乐时光：一起在海边嬉戏、图书馆里并肩学习、雨中共撑一把伞的浪漫……背景音乐转为柔和。）

旁白："在每一次争吵的背后，是无数次携手并进的记忆。爱与误解，如同这场突如其来的雨，让人看不清前方的路。"

> 场景三：……
> 场景四：……
> 场景五：……
> 此脚本通过展现一对情侣在吵架后的冷静反思与勇敢和解，传递了爱与理解的重要性，以及即使面对冲突，也要勇于面对、共同克服的正能量。

6.3.2　生成心理情感短视频脚本

心理情感类短视频脚本通过情感共鸣、故事讲述、心理剖析等形式，以简短精练的语言触动人心。此类视频能增进人们的情感认知，促进情感交流，增强心理韧性。下面介绍运用DeepSeek生成心理情感类短视频脚本的操作方法。

▶扫码看教程

步骤01 在DeepSeek的文本框中输入相应指令，确认DeepSeek是否了解心理情感类短视频脚本的写法，相关指令和回复内容如下。

🙂 提问

什么是心理情感类短视频？写这类短视频脚本有哪些注意事项？

🐳 DeepSeek

> 心理情感类短视频的定义：
> 心理情感类短视频，是以探讨人的心理活动和情感状态为主题的短视频形式。这类视频通过真实或虚构的故事、情感场景、心理测试、专家访谈等多种方式，展现人们在日常生活中遇到的各种情感问题和心理状态，如爱情、友情、亲情、压力、焦虑、抑郁等，旨在引起观众的共鸣，提供情感支持和心理慰藉。
> 写心理情感类短视频脚本的注意事项如下。
> 1. 明确目标受众：确定你的目标观众是谁，了解他们的兴趣、需求和情感状态，以便更好地定位内容和语言风格。
> 2. 选择贴近生活的主题：选择与人们日常生活紧密相关的心理情感话题，如恋爱关系、家庭矛盾、职场压力等，增加观众的代入感和共鸣度。
> 3. 运用情感共鸣元素：在脚本中融入产生情感共鸣的元素，如真实的情感故事、感人的细节描写、温馨的画面配置等，以触动观众的情感。
> 4. 保持内容的正面性和积极性：尽量避免过于负面或消极的内容，保持视频的正面性和积极性，为观众提供正面的情感支持和心理引导。
> ……

步骤 02 在DeepSeek的文本框中输入对心理情感视频脚本的具体需求，指导DeepSeek生成特定的心理情感类短视频脚本，相关指令和回复内容如下。

🗨️ 提问

请以"如何维护友情"为主题，创作一篇心理情感类短视频脚本，要求：道理深刻，适当举例，向人传达积极向上的思想。

🐋 DeepSeek

【视频开头，温暖的背景音乐渐起】

旁白（温柔而有力）："在这个快节奏的世界里，我们匆匆前行，却往往忽略了身边那份最纯粹的温暖——友情。今天，就让我们一起探讨，如何在生活的洪流中细心呵护友情，让友情之树常青。"

【镜头切换至一张老照片，两人笑容灿烂】

旁白："记得吗？那些年少轻狂的日子，是你们陪我一起疯，一起笑。友情，就像这张泛黄的照片，虽经岁月洗礼，却依然能触动心底最柔软的部分。"

【画面转至两人并肩走在夕阳下的场景】

旁白："维护友情，首先要做的是——倾听。不是简单的耳朵在工作，而是心与心的交流。就像现在这样，无须多言，一个眼神，一个微笑，就能读懂对方的心事。当朋友倾诉时，请放下手机，给予最真诚的倾听，因为那是他们最需要的港湾。"

【插入小剧场，两人因误会而冷战，随后通过沟通和解】

旁白："误会，是友情路上的绊脚石。但请记住，没有解不开的结，只有不愿沟通的心。面对误会，勇敢地迈出那一步，用真诚的话语去化解。就像他们一样，虽然有过争执，但通过沟通，发现原来彼此的心从未远离。"

……

6.3.3 生成知识科普短视频文案

知识科普类短视频文案主要是向受众介绍和解释某一事物或现象，这类文案的专业性较强，但语言风格通常较为轻松、幽默，让观众在接受知识的过程中不会觉得枯燥、乏味。下面介绍运用DeepSeek生成知识科普类短视频文案的操作方法。

步骤 01 在DeepSeek的文本框中输入相应的指令，让DeepSeek撰写10个知识科普类短视频文案的主题，相关指令和回复内容如下。

提问

以"宇宙探索"为主题，撰写10个知识科普类短视频文案的主题。

DeepSeek

以"宇宙探索"为主题，以下是10个知识科普类短视频文案的主题建议，旨在激发观众对宇宙奥秘的好奇心和探索欲。

1.【星际穿越：黑洞的奥秘】：带你深入探索宇宙中最神秘的天体——黑洞，揭秘其强大的引力如何吞噬一切，包括光线，以及科学家如何通过观测黑洞周围的现象来解开它的秘密。

2.【银河系的浪漫之旅】：从地球出发，穿越星辰大海，带你领略银河系的壮丽景象。介绍银河系的形状、大小、构成，以及我们在其中的位置，感受宇宙的浩瀚无垠。

3.【火星：红色星球的秘密】：揭秘火星这颗"红色星球"的过往与现在，探讨火星上是否存在过生命、火星表面的奇特地貌，以及人类未来登陆火星的计划和挑战。

4.【恒星的一生：从诞生到消亡】：讲述恒星从星云中诞生，经历主序星阶段、红巨星或超新星爆发，最终成为白矮星、中子星或黑洞的全过程，展现宇宙中天体演化的壮丽史诗。

5.【太阳系边缘的奇境：柯伊伯带与奥尔特云】：揭开太阳系边缘的神秘面纱，介绍柯伊伯带和奥尔特云中的冰冻天体，探讨它们对太阳系形成和演化的影响，以及可能隐藏的彗星和小行星的秘密。

……

步骤02 在DeepSeek的文本框中输入对视频文案的具体需求，指导DeepSeek生成特定的知识科普类短视频文案，相关指令和回复内容如下。

提问

以"宇宙大爆炸与宇宙起源"为主题，介绍宇宙大爆炸以及宇宙起源的相关知识，创作一篇知识科普类短视频文案，要求：语言幽默，具备专业知识的讲解。

DeepSeek

【视频开头，欢快的音乐响起，画面一片漆黑，突然一束光爆炸开来，星辰开始涌现】

旁白（轻松幽默）："嘿，朋友们，欢迎来到这场宇宙级的'烟花秀'——不是过年放的那种哦，这可是咱们宇宙诞生时的超级大Party！"

【画面切换至一张宇宙背景辐射的模糊图像】

旁白："想象一下，很久很久以前，不是几万年、几百万年，而是'很久很久'，久到让时间自己都害羞的那种程度，宇宙还是个比黑洞还黑、比安静还静的小不点。"

【动画展示一个极小的点迅速膨胀成巨大宇宙的过程】

旁白（夸张地）："然后——'嘭'！就像你偷偷在厨房做爆米花，却不小心按下了微波炉的最大火力键，宇宙就这样'炸'了！没错，这就是大名鼎鼎的宇宙大爆炸理论！"

【画面插入形象的科学家卡通人物，手拿放大镜观察】

旁白："科学家们可是带着超级放大镜，研究了又研究，发现这个'大爆炸'不仅炸出了空间和时间，还炸出了我们今天看到的一切——星星、行星甚至你手里这块想拿来砸我的巧克力饼干（假装惊恐）。"

【展示宇宙背景辐射的数据图，配以简单的动画解释】

……

6.3.4 生成干货分享短视频文案

干货分享类短视频文案是指在视频内进行知识分享、实用性技能传授的文字描述，能够帮助受众丰富自己的知识、提高能力或解决问题。这类文案的呈现方式可以是图文视频，也可以是口播视频。本节将介绍运用DeepSeek生成干货分享类短视频文案的操作方法。

步骤01 在DeepSeek的文本框中输入相应的指令，确认DeepSeek是否了解干货分享类短视频文案的写法，相关指令和回复内容如下。

提问

你了解干货分享类短视频文案吗？

DeepSeek

干货分享类短视频文案是近年来非常受欢迎的内容形式，它旨在通过简短、精练的视频向观众传授实用知识、技能、经验或见解。这类文案需要兼具吸引力、信息量和易理解性，以激发观众的兴趣并促使他们采取行动（如点赞、分享、关注或学习）。以下是一些关于干货分享类短视频文案的要点和技巧。

1. 标题吸引眼球

使用数字：如"5个快速提高学习效率的方法"。

提出疑问：如"你真的会正确护肤吗？这3步你做对了吗？"。

制造紧迫感："紧急必看！疫情期间的自我保护指南"。

承诺价值："一分钟学会，让你的PPT瞬间高大上"。

2. 开头引人入胜：……

3. 内容条理清晰：……

> 4. 语言简洁明了：……
> 5. 结尾呼吁行动：……
> 6. 注意版权和真实性：……
> 通过这样的文案设计，可以吸引观众的注意力，提高视频的观看率和传播效果。

步骤 02 在DeepSeek的文本框中输入对干货分享类短视频文案的具体需求，指导DeepSeek生成特定的干货分享类短视频文案，相关指令和回复内容如下。

提问

你是一名收纳师，现在需要你分享一些专业的收纳技能，以口播视频文案的方式来分享，要求：语句简短易懂，并提供配图建议。

DeepSeek

> 【视频开头，镜头对准整理前的房间杂乱的一角，轻声细语】
> 开场白：
> "大家好，我是你们的收纳小能手，今天教大家几个超实用的收纳小技巧，让家瞬间变宽敞，心情也跟着好起来！"
> 【镜头切换至第一组对比图：杂乱的抽屉vs整理后的抽屉】
> 技巧一：分类明确，标签助力
> "第一步，分类是关键！把物品按类别分开，比如文具、饰品、药品……然后贴上可爱的小标签，找东西再也不迷路了！"
> 【配图建议：一张杂乱的抽屉照片，旁边是贴上标签、分类清晰的抽屉照片】
> 【镜头转向衣柜内部特写】
> ……

6.3.5 生成影视解说短视频文案

影视解说类短视频文案是指对电影、电视剧的情节内容进行描述和解析的文案。这类文案一般用语幽默、简洁，能够高度概括剧集内容，并在最短的时间以最快的速度传达给受众。下面介绍运用DeepSeek生成影视解说类短视频文案的操作方法。

步骤 01 在DeepSeek的文本框中输入相应的指令，确认DeepSeek是否了解影视解说类短视频文案，相关指令和回复内容如下。

第 6 章 技巧二：AI 视频的脚本创作

:speech_balloon: 提问

什么是影视解说类短视频文案？限300字。

:whale: DeepSeek

影视解说类短视频文案是精练而富有吸引力的文本内容，旨在快速概述影片精髓，激发观众兴趣，引导他们观看原片或继续浏览视频。文案通常包括影片的基本信息（如片名、类型、主要演员）、核心剧情梗概（突出关键情节、转折点）、角色亮点（简要介绍主要人物及其性格、关系），以及个人见解或推荐理由（如影片的独特之处、情感共鸣点、观影感受等）。在有限的字数内，文案需巧妙地运用语言技巧，如悬念设置、情感渲染、幽默元素等，以快速抓住观众的眼球，提升视频的点击率和观看时长。

步骤02 除了确认DeepSeek对影视解说类短视频文案的了解程度，用户还需要确认DeepSeek是否了解要解说的影视作品，相关指令和回复内容如下。

:speech_balloon: 提问

描述一下电影《流浪地球》。

:whale: DeepSeek

电影《流浪地球》是一部由中国电影股份有限公司出品，郭帆执导，龚格尔、严东旭、郭帆、刘慈欣等人编剧，吴京（特别出演）、屈楚萧、李光洁、吴孟达、赵今麦等出演的科幻冒险灾难电影。该片于2019年2月5日上映，是根据刘慈欣的同名小说改编的。
一、剧情概述
故事背景设定在2075年，太阳即将毁灭，毁灭之后的太阳系已经不适合人类生存。面对绝境，人类启动了"流浪地球"计划，旨在带着地球一起逃离太阳系，寻找新的家园。为了推动地球离开太阳系，人类在地球表面建造了上万座巨大的行星发动机，并计划用2500年的时间奔往新家园。
在影片中，中国航天员刘培强（吴京饰）在儿子刘启（屈楚萧饰）四岁那年前往领航员空间站执行任务，导致父子关系疏远。多年后，刘启带着妹妹韩朵朵（赵今麦饰）偷偷跑到地表，却遭遇了全球发动机停摆的危机。为了修好发动机并阻止地球坠入木星，全球展开了饱和式营救行动，刘启等人也被强征加入救援队。在与时间赛跑的过程中，无数人前仆后继，奋不顾身，最终成功点燃了木星，使地球得以继续流浪之旅。
二、影片特色：……
三、后续作品：……

129

步骤 03 生成对话前提后，就可以让DeepSeek生成正式的影视解说类短视频文案了，相关指令和回复内容如下。

🧑 提问

你是一名影视解说类短视频博主，现在正在创作一篇对电影《流浪地球》的解说文案，要求：从剧情、特效和影响力这3个方面进行分析，语言幽默风趣，配有画面说明。

🐋 DeepSeek

【开场，镜头快速掠过星空，配以科幻感十足的音效】

嘿，各位宇宙探险家们，欢迎搭乘我的"脑洞号"飞船，今天咱们要降落在一个前所未有的星球，那就是《流浪地球》的科幻奇境！系好安全带，咱们这就启程！

【剧情篇：地球，说走咱就走】

想象一下，要是你家房子哪天告诉你："嘿，咱们搬家，去隔壁星系逛逛？"你是不是得蒙圈？《流浪地球》就干了这么一件大事！太阳老大哥不省心，说要膨胀吞地球，人类一合计："咱跑！"于是，上万座行星发动机轰隆隆启动，地球直接变"飞船"，上演了一场说走就走的星际旅行。

画面上，吴京大哥饰演的刘培强，那眼神坚定得跟焊在屏幕上似的，对着儿子刘启（屈楚萧饰）说："儿子，咱们这不是搬家，是带着家去旅行！"那场面，笑中带泪，泪里藏着不屈的倔强。

【特效篇：冰与火之歌，视觉盛宴】

说到特效，哎哟喂，《流浪地球》简直就是一场视觉狂欢！冰封的上海，那冰墙高得能挡外星人入侵，晶莹剔透得像个大冰柜里的城市模型。PIXOMONDO团队，那可是下了血本，做了216个镜头，个个都是大片级别，特别是那冰封峡谷、长城残影，美得让人心颤，又震撼得让人想尖叫。

……

本章小结

本章详细介绍了脚本（文案）的基础知识与实战应用，通过了解脚本的内涵、作用及类型，结合DeepSeek高效生成多样化短视频脚本或文案。学习本章内容后，读者将掌握短视频创作的关键技能，提升内容策划与执行能力，为短视频创作之路奠定坚实的基础，助力自己在竞争激烈的媒体环境中脱颖而出。

07

▶ 第 7 章

技巧三：AI 视频的后期剪辑

本章将深入剖析AI短视频的智能剪辑、画面优化及音频处理技巧，这是提升视频质感与吸引力的关键所在。从智能裁剪到识别歌词，从超清画质到智能打光，再到人声美化与音色变换，每一项技巧都将为视频创作带来质的飞跃。本章就让我们携手探索AI技术的无限可能，共同打造更加精彩、引人入胜的短视频作品。

7.1 AI 短视频的智能剪辑技巧

剪映中的AI剪辑功能可以帮助用户快速剪辑短视频，用户只需使用相关功能，就可以制作出理想的画面效果。本节主要介绍AI短视频画面剪辑的基本技巧，帮助大家学习基础剪辑功能，为后面复杂的剪辑操作打好基础。

7.1.1 使用"智能裁剪"功能

"智能裁剪"功能可以转换短视频的画面比例，快速实现横竖屏的转换，同时自动追踪主体，让主体保持在最佳位置。在剪映中可以将横版的短视频转换为竖版的短视频，这样短视频会更适合在手机中播放和观看，还能裁去多余的画面，原视频画面与裁剪后的视频画面对比如图7-1所示。

图7-1　原视频画面与裁剪后的视频画面对比

下面介绍在剪映电脑版中使用"智能裁剪"功能的操作方法。

步骤01 进入剪映电脑版的"首页"界面，单击界面中的"智能裁剪"按钮，如图7-2所示。

步骤02 弹出"智能裁剪"面板，单击"导入视频"按钮，如图7-3所示。

步骤03 弹出"打开"对话框，在文件夹中选择相应的视频素材，如图7-4所示。

步骤04 单击"打开"按钮，即可导入视频，在"智能裁剪"面板中，选择9∶16选项，把横屏转换为竖屏，如图7-5所示。

步骤05 ❶设置"镜头稳定度"为"稳定"；❷设置"镜头位移速度"为"更慢"，如图7-6所示，即可使视频画面更加稳定。

第 7 章 技巧三：AI 视频的后期剪辑

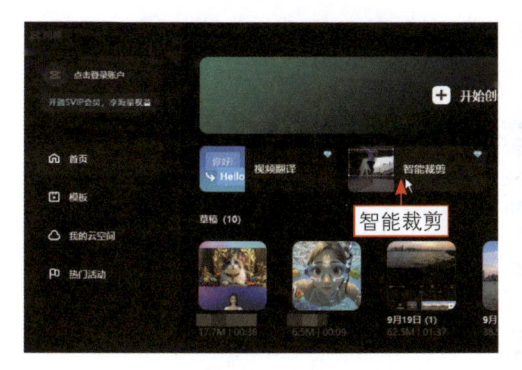

图 7-2 单击"智能裁剪"按钮

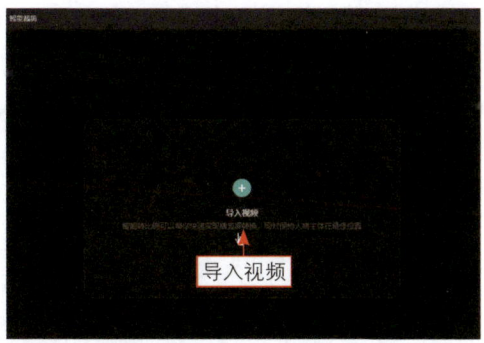

图 7-3 单击"导入视频"按钮

图 7-4 选择相应的视频素材

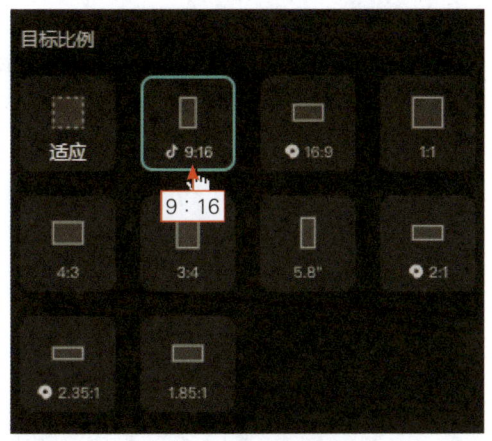

图 7-5 选择 9 ：16 选项

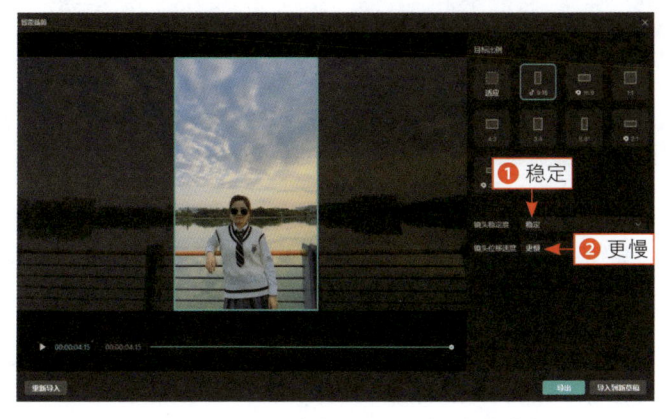

图 7-6 设置"镜头稳定度"和"镜头位移速度"

步骤 06 单击"导出"按钮，如图 7-7 所示。

133

步骤 07 弹出"另存为"对话框，❶设置保存名称与保存位置；❷单击"保存"按钮，如图7-8所示，即可将成品短视频导出至相应的文件夹中。

图 7-7　单击"导出"按钮　　　　　图 7-8　单击"保存"按钮

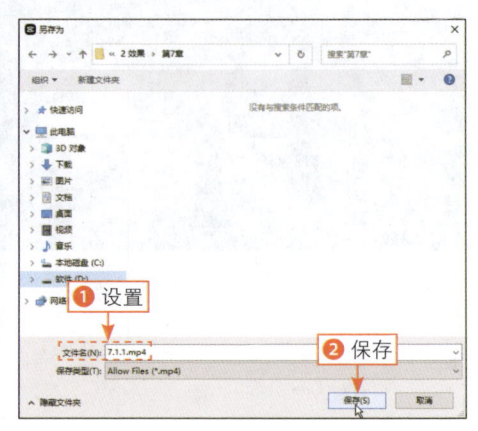

7.1.2　使用"识别歌词"功能

如果短视频中有清晰的中文歌曲背景音乐，可以使用"识别歌词"功能，快速识别出歌词字幕，省去了手动添加歌词字幕的操作，效果如图7-9所示。

图 7-9　效果展示

下面介绍在剪映电脑版中使用"识别歌词"功能的操作方法。

步骤 01 单击"媒体"功能区中的"导入"按钮，上传相应的视频素材至"本地"选项卡中，单击视频素材右下角的"添加到轨道"按钮，如图7-10所示，即可把视频素材添加到视频轨道中。

步骤 02 ❶在"文本"功能区中，切换至"识别歌词"选项卡；❷单击"开始识别"按钮，如图7-11所示。稍等片刻，即可生成相应的字幕。

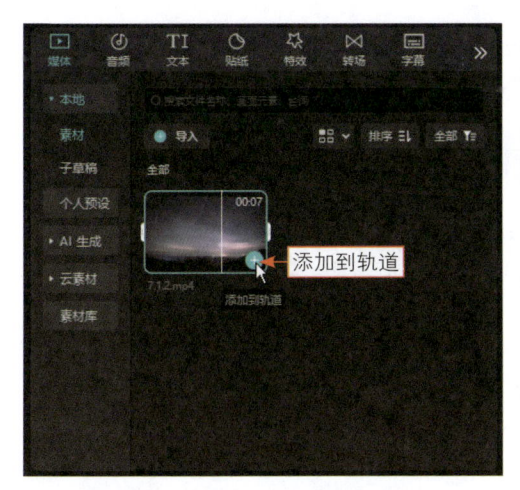

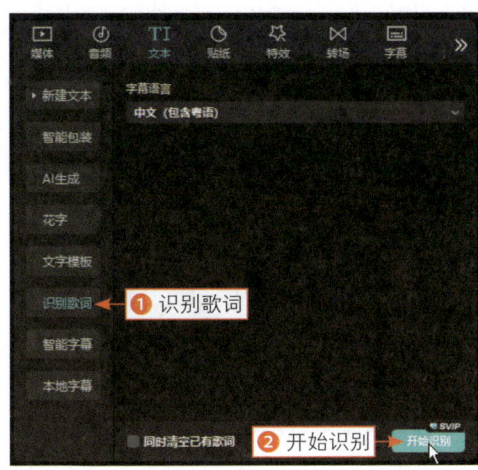

第 7 章 技巧三：AI 视频的后期剪辑

图 7-10 单击"添加到轨道"按钮

图 7-11 单击"开始识别"按钮

步骤 03 在"文本"功能区中的"基础"选项卡中，设置相应的预设样式，如图 7-12 所示，操作完成后，即可导出视频效果。

图 7-12 设置字幕的预设样式

7.1.3 使用"智能调色"功能

扫码看教程　扫码看效果

如果短视频的画面过曝或者欠曝，色彩也不够鲜艳，可以使用"智能调色"功能，对画面进行自动调色，原视频画面与调色后的视频画面对比如图 7-13 所示。

下面介绍在剪映电脑版中使用"智能调色"功能的操作方法。

步骤 01 单击"媒体"功能区中的"导入"按钮，上传相应的视频素材至"本地"选项卡中，单击视频素材右下角的"添加到轨道"按钮，如图 7-14 所

135

示，即可将视频素材添加到视频轨道中。

图 7-13 原视频画面与调色后的视频画面对比

步骤 02 选择视频素材，❶切换至"调节"功能区中的"基础"选项卡；❷选中"智能调色"复选框，稍等片刻，即可自动给视频调色；❸设置"强度"为100，使调色更加明显，如图7-15所示。

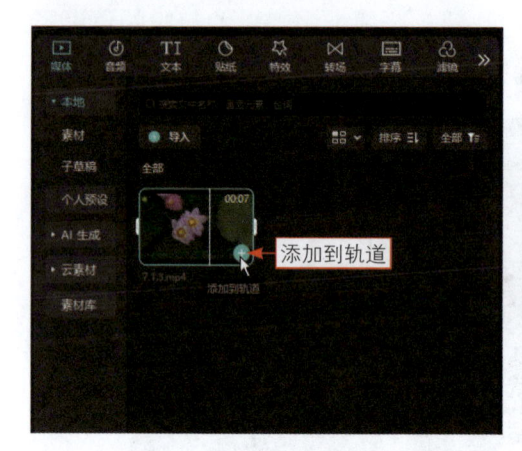

图 7-14 单击"添加到轨道"按钮　　图 7-15 设置"强度"参数

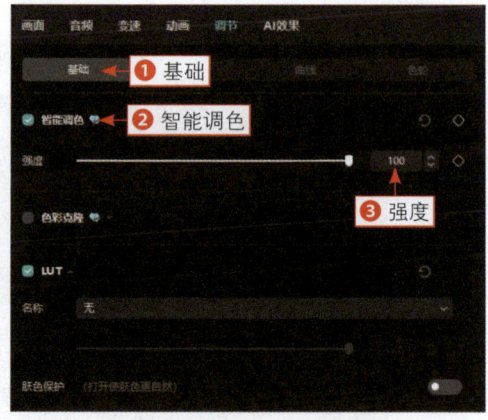

☆ 专 家 提 醒 ☆

在进行智能调色处理时，用户除了可以设置"强度"参数，调整调色程度，还可以对色温、色调、饱和度和光感等信息进行设置。

7.2 AI短视频的画面优化技巧

使用剪映电脑版的AI功能，能够显著提升视频制作的效率与质量。剪映电脑版的多种功能智能自动识别视频并调整至最佳状态，让画面更加鲜活自然。为了让大家快速晋级为AI短视频剪辑的高手，本节主要介绍超清画质、智能打光、智能运镜等进阶剪辑技巧。

7.2.1 使用"超清画质"功能

如果视频画面不够清晰，可以使用剪映中的"超清画质"功能，修复视频，让视频画面变得更加清晰一些，原视频画面与提高画质后的视频画面对比如图7-16所示。

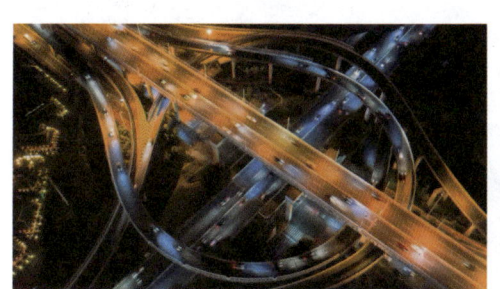

图 7-16 原视频画面与提高画质后的视频画面对比

下面介绍在剪映电脑版中使用"超清画质"功能的操作方法。

步骤01 将视频导入至"本地"选项卡中，单击视频右下角的"添加到轨道"按钮，如图7-17所示，即可把视频添加到视频轨道中。

步骤02 ❶选中"画面"操作区中的"超清画质"复选框；❷设置"等级"为"超清"，如图7-18所示，稍等片刻，即可修复视频画面，让画面变得更加清晰。

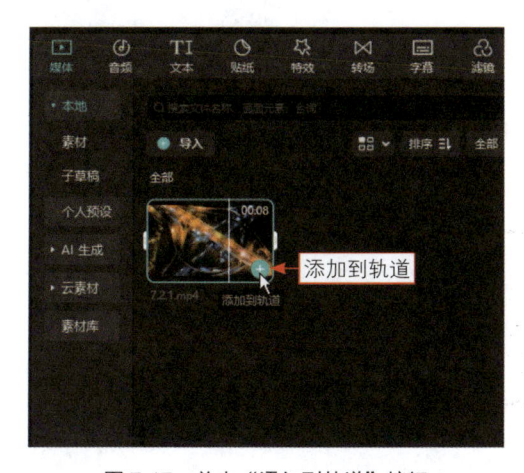

图 7-17 单击"添加到轨道"按钮　　　　图 7-18 设置等级

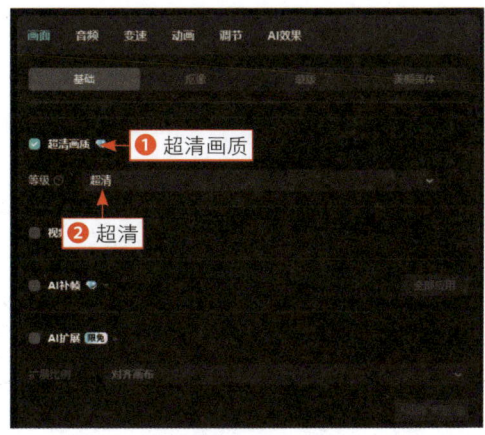

步骤 03 单击右上角的"导出"按钮，如图7-19所示。

步骤 04 ❶在弹出的"导出"面板中更改标题内容；❷分别设置"分辨率"为"4K"，"码率"为"更高"，使导出的视频画面更加清晰；❸单击"导出"按钮，如图7-20所示，即可导出视频效果。

图 7-19　单击"导出"按钮（1）　　　　图 7-20　单击"导出"按钮（2）

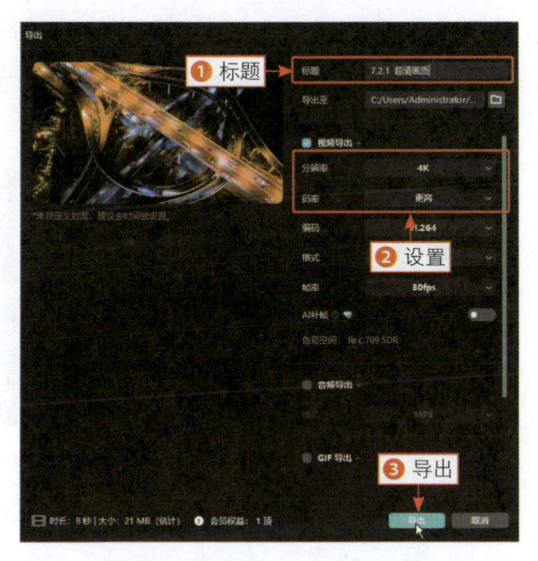

7.2.2　使用"智能打光"功能

如果拍摄前期缺少打光操作，在剪映中可以使用"智能打光"功能，为画面增加光源，营造环境氛围。"智能打光"功能有多种不同的光源和类型可选，用户只需根据自身需求选择即可，原视频画面与进行智能打光后的视频画面对比如图7-21所示。

▶扫码看教程　　▶扫码看效果

图 7-21　原视频画面与进行智能打光后的视频画面对比

下面介绍在剪映电脑版中使用"智能打光"功能的操作方法。

步骤 01 将视频导入至"本地"选项卡中，单击视频右下角的"添加到轨道"按钮 ，如图7-22所示，即可把视频添加到视频轨道中。

图 7-22 单击"添加到轨道"按钮

步骤 02 在"画面"功能区的"基础"选项卡中，❶选中"智能打光"复选框；❷选择"氛围暖光"选项，如图7-23所示，即可自动为物体打光，也可以拖曳圆环调整光源位置，以及设置相应参数调整打光效果。

图 7-23 选择"氛围暖光"选项

7.2.3 使用"智能运镜"功能

在抖音中经常可以看到一些运镜效果非常酷炫的跳舞视频，如何才能做出这样的效果呢？在剪映电脑版

139

中，使用"智能运镜"功能，可以让短视频的画面变得动感十足，效果如图7-24所示。

图 7-24 效果展示

下面介绍在剪映电脑版中使用"智能运镜"功能的操作方法。

步骤01 将视频导入至"本地"选项卡中，单击视频右下角的"添加到轨道"按钮，如图7-25所示，即可把视频添加到视频轨道中。

图 7-25 单击"添加到轨道"按钮

☆ 专家提醒 ☆

剪映电脑版的"智能运镜"功能可以自动分析视频内容，智能应用流畅的镜头运动效果，如推、拉、摇、移等，无须手动调整关键帧，即可让静态画面生动起来，增强视觉冲击力。

步骤02 在"画面"功能区的"基础"选项卡中，❶选中"智能运镜"复选框；❷选择"摇晃"选项；❸设置"旋转角度"参数为80，使画面运动范围更大，如图7-26所示，稍等片刻，即可为视频添加相应的运镜方式。

第 7 章　技巧三：AI 视频的后期剪辑

图 7-26　设置旋转角度

7.3　AI 短视频的音频处理技巧

一段成功的短视频离不开音频的配合，音频可以增加现场的真实感，塑造人物形象和渲染场景氛围。在剪映中，不仅可以添加音频，还可以对声音进行智能处理，比如进行人声美化、人声分离、改变音色等操作，让短视频更动听。

7.3.1　使用"人声美化"功能

在剪映中，可以对视频中的人声进行美化处理，让人声呈现出更好的效果，视频效果如图 7-27 所示。

▶ 扫码看教程　　▶ 扫码看效果

图 7-27　效果展示

141

下面介绍在剪映电脑版中使用"人声美化"功能的操作方法。

步骤01 将视频导入至"本地"选项卡中，单击视频右下角的"添加到轨道"按钮，如图7-28所示，即可把视频添加到视频轨道中。

步骤02 在"音频"功能区中的"基础"选项卡中，选中"人声美化"复选框，如图7-29所示。

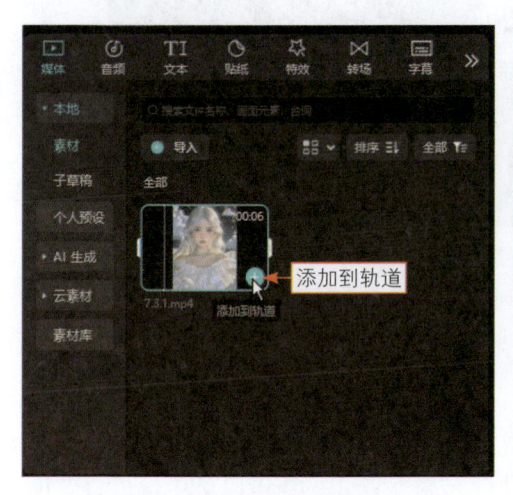

图7-28 单击"添加到轨道"按钮 　　　图7-29 选中"人声美化"复选框

7.3.2 使用"声音分离"功能

如果短视频中的音频同时有人声和背景音，我们可以使用"声音分离"功能，仅保留短视频中的人声或者背景音，从而满足大家的声音创作需求，视频效果如图7-30所示。

图7-30 效果展示

下面介绍在剪映电脑版中使用"声音分离"功能的操作方法。

步骤01 将视频导入至"本地"选项卡中，单击视频右下角的"添加到轨道"按钮■，如图7-31所示，即可把视频添加到视频轨道中。

步骤02 ❶在"音频"功能区中的"基础"选项卡中，选中"声音分离"复选框；❷选择"人声"选项，如图7-32所示。

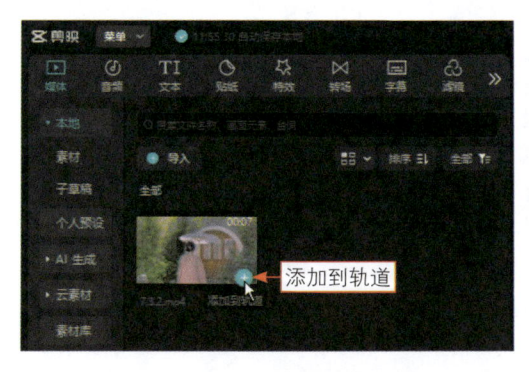

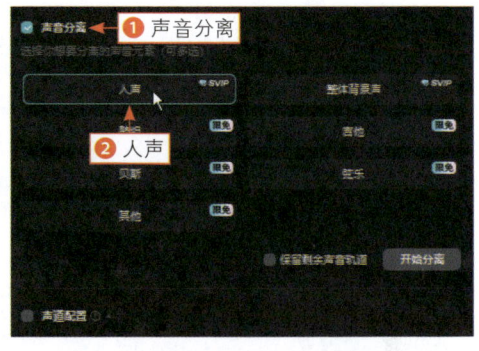

图 7-31　单击"添加到轨道"按钮

图 7-32　选择"人声"选项

步骤03 单击"开始分离"按钮，稍等片刻，即可将视频中的背景音消除并分离出人声音频至音频轨道，如图7-33所示。

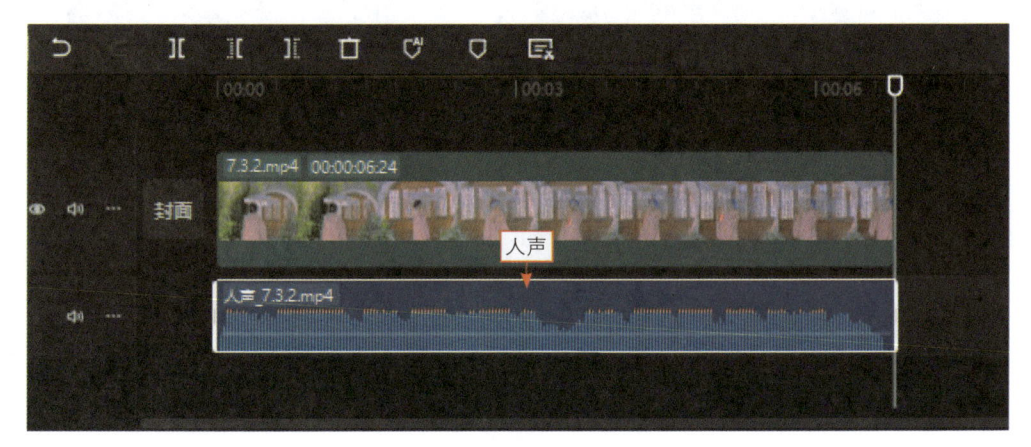

图 7-33　分离出人声音频

7.3.3 使用"改变音色"功能

▶扫码看教程　▶扫码看效果

如果用户对原声的音色不是很满意，或者想改变音频的音色，可以使用AI改变音频的音色，实现"魔法变声"，视频效果如图7-34所示。

图 7-34　效果展示

下面介绍在剪映电脑版中使用"改变音色"功能的操作方法。

步骤 01　将视频导入至"本地"选项卡中，单击视频右下角的"添加到轨道"按钮，如图7-35所示，即可把视频添加到视频轨道中。

步骤 02　❶在"音频"功能区中切换至"声音效果"选项卡；❷在"音色"面板中选择"玲玲姐姐"选项，如图7-36所示，即可改变音色。

图 7-35　单击"添加到轨道"按钮　　　图 7-36　选择"玲玲姐姐"选项

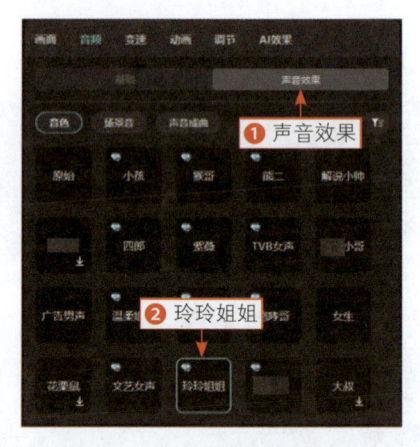

本章小结

本章详细阐述了剪映电脑版中的AI剪辑技巧（如智能裁剪、歌词识别、智能调色）与画面优化技巧（超清画质、智能打光、智能运镜），以及处理音频的多种方法（人声美化、人声分离、改变音色）。学习本章内容后，读者将掌握AI短视频剪辑的核心技能，能够制作出更加专业、精美的短视频作品，从而在短视频创作领域脱颖而出，提升个人或企业的品牌影响力。

视频案例篇

08

▶ 第 8 章

影像类视频的 AI 创作案例

本章以户外的壮丽风景和记录日常的温馨碎片两个主题为例，通过结合DeepSeek的文案创作、即梦AI的图片与视频生成能力，以及剪映的一键模板功能，轻松展现出AI创作的便利。从文字到画面，再到最终的视频作品，这一系列操作简化了创作流程，让每个人都能成为生活的记录者与艺术家。

8.1 户外风光：运用剪映搜索模板生成视频

剪映App为用户提供了大量模板，用户可以借助这些模板直接生成视频。例如，用户可以先在DeepSeek中生成相关的文案，然后使用文案在即梦AI中生成视频素材，再在剪映App中套用模板生成户外风光的视频，效果如图8-1所示。

▶ 扫码看效果

图 8-1 效果展示

8.1.1 使用DeepSeek生成户外风光提示词

▶ 扫码看教程

如果用户要生成户外风光视频，可以利用DeepSeek生成AI提示词，精准引导AI创作的方向，生成精确的视频素材，具体操作步骤如下。

☆ 专家提醒 ☆

使用DeepSeek生成AI提示词，其优势在于精准捕捉用户意图，自动生成富含创意与针对性的引导词汇，帮助创作者快速突破思维瓶颈。这不仅简化了创作流程，还促进了灵感的迸发，让内容创作更加高效、个性化，是科技与艺术融合的典范。DeepSeek基于强大的自然语言处理能力，可以精准捕捉用户意图，生成丰富多样的创意词汇与短语，为设计、写作、编程等领域提供个性化、高相关性的启发。这不

147

仅节省了创作者构思的时间，还拓宽了思维边界，让创意工作更加高效、有趣且富有深度。

步骤01 进入DeepSeek官网，开启一个新对话，在文本框中输入相应的提示词，如图8-2所示。

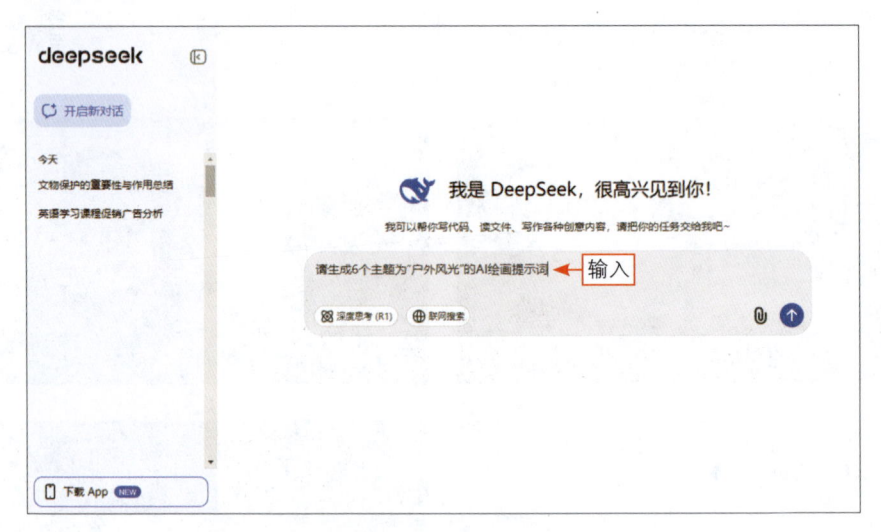

图 8-2　输入相应的提示词

步骤02 单击发送按钮，稍等片刻，即可生成相应的内容，相关回复如下。

🐋 **DeepSeek**

> 1. 创作一幅壮观的瀑布景象，水流从高处奔腾而下，撞击岩石发出轰鸣，形成一片白色的水帘。空气中弥漫着湿润与清新，让人感受到大自然的磅礴力量与生生不息的活力，真实摄影，8K高分辨率。
> 2. 创作一幅纳木错湖畔的宁静画面，湖面如镜，倒映着连绵的雪山和蔚蓝的天空，湖畔野花烂漫，牦牛悠闲，展现西藏高原的纯净与和谐，真实摄影，8K高分辨率。
> 3. 构想一幅雅鲁藏布大峡谷的奇观，激流穿峡而过，云雾缭绕，峭壁林立，展现大自然鬼斧神工般的壮丽与惊险，真实摄影，8K高分辨率。
> 4. 请描绘出西藏林芝地区春日的桃花盛宴，粉嫩的花瓣与翠绿的山谷交相辉映，远处的雪山若隐若现，营造出一个梦幻般的世外桃源，真实摄影，8K高分辨率。
> 5. 描绘一幅夕阳下的湖畔景象，湖面如镜，倒映着绚烂的晚霞，天空从橙红渐变到深蓝。湖边生长着芦苇和其他水生植物，偶尔有几只水鸟掠过水面，增添了几分生动与和谐，真实摄影，8K高分辨率。
> 6. 创作一幅夜幕下的珠穆朗玛峰，星空璀璨，银河横跨天际，峰顶被柔和的月光轻轻抚摸，展现出世界之巅的孤独与神秘之美，真实摄影，8K高分辨率。

8.1.2 使用即梦AI生成户外风光视频

即梦AI能够让观者足不出户，就能领略到大自然的鬼斧神工，从气势磅礴的瀑布到蜿蜒的圣河，从广袤的草原到星空璀璨的夜空，每一帧都是对自然与人文极致美的颂歌。下面介绍使用即梦AI生成户外风光视频的操作方法。

步骤01 进入即梦AI主页，单击"AI视频"选项区中的"视频生成"按钮，如图8-3所示。

步骤02 进入"视频生成"页面，在"文本生视频"选项卡中输入相应的提示词，如图8-4所示。

图 8-3 单击"视频生成"按钮

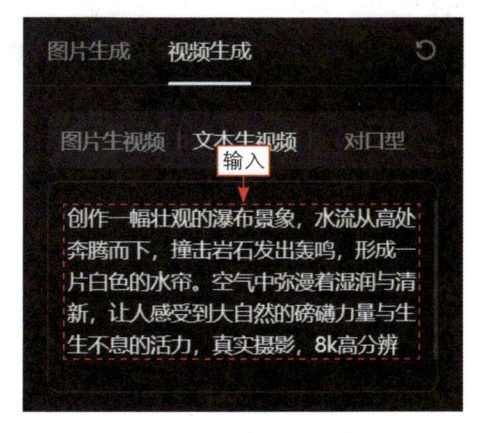

图 8-4 输入相应的提示词

步骤03 设置"视频比例"为16∶9，如图8-5所示。

步骤04 单击"生成视频"按钮，即可生成相应的视频，效果如图8-6所示，将鼠标指针移至视频上，即可预览视频效果。

图 8-5 选择 16∶9 选项

图 8-6 生成相应的视频效果

步骤 05 单击视频右上角的"下载"按钮，如图8-7所示，即可下载相应的视频效果至电脑中。

步骤 06 用与上面相同的方法，生成相应的视频，效果如图8-8所示。

图 8-7　单击"下载"按钮　　　　　图 8-8　生成相应的视频

8.1.3　使用剪映搜索模板生成户外风光视频

使用剪映模板不仅省去了烦琐的编辑步骤，更将户外的壮丽景色与精致的模板完美融合，轻松打造出专业级的旅行回忆。在模板的加持下，用户可以以动态视频的形式生动地展现户外风光的魅力。下面介绍使用剪映搜索模板生成户外风光视频的操作方法。

步骤 01 在剪映电脑版界面左侧的导航栏中，单击"模板"按钮，如图8-9所示。

步骤 02 进入"模板"界面，在上方输入相应的提示词，如图8-10所示。

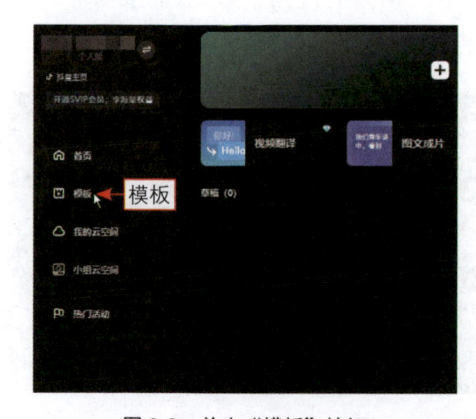

图 8-9　单击"模板"按钮　　　　　图 8-10　输入相应的提示词

第 8 章　影像类视频的 AI 创作案例

步骤 03 搜索完成后，单击所选模板下方的"使用模板"按钮，如图8-11所示，稍等片刻，即可进入编辑界面。

步骤 04 在时间线面板中，单击"替换"按钮，如图8-12所示。

图 8-11　单击"使用模板"按钮 　　　　　图 8-12　单击"替换"按钮

步骤 05 弹出"请选择媒体资源"对话框，选择相应的视频素材，如图8-13所示。

步骤 06 单击"打开"按钮，执行操作后，即可将该视频素材替换到视频片段中，如图8-14所示，同时导入到本地媒体资源库中。

图 8-13　选择相应的视频素材 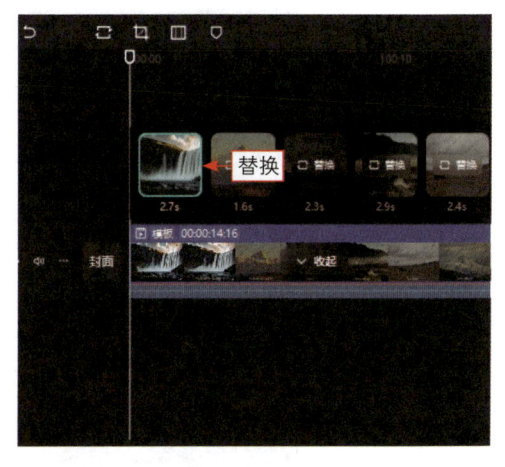　　　　　图 8-14　将该视频素材替换到视频片段中

151

步骤 07 用与上面相同的方法，依次替换其他的视频素材，如图8-15所示，完成后即可导出视频。

图 8-15　依次替换其他的视频素材

8.2　日常碎片：运用剪映模板一键生成视频

使用剪映模板生成《日常碎片》视频，一键解锁生活美好瞬间。从晨光初照到夜幕低垂，每个平凡日子里的不平凡片段，都能瞬间汇聚成精彩视频。同时，为视频自动匹配音乐、转场，让回忆跃然屏上，分享给朋友或留作私藏。一键生成，不仅是技术的便捷，更是情感的传递，让日常碎片成为永恒的记忆篇章，视频效果如图8-16所示。

▶扫码看效果

图 8-16　效果展示

8.2.1 使用DeepSeek生成日常碎片的提示词

使用DeepSeek生成日常碎片的提示词，它可以巧妙地激发灵感，让平凡的日子瞬间充满色彩。无论是记录晨光中的一杯咖啡，还是夜晚的城市风光，DeepSeek都能以精准而富有诗意的词句，捕捉那些稍纵即逝的美好瞬间，为日常增添一抹不凡。

进入DeepSeek官网，在文本框中输入相应的提示词，单击发送按钮↑，即可生成相应的内容，相关指令与回复内容如下。

提问

请生成8个主题为"日常碎片记录"的AI绘画提示词。

DeepSeek

1. 捕捉晨光中的一杯咖啡，蒸汽袅袅上升，窗边绿植映衬下的静谧日常。
2. 街头巷尾，雨后初晴，水滴从屋檐轻落，绘制一幅清新湿润的市井生活画卷。
3. 在午后的阳光下，老书店一隅，泛黄的书页与光影交错，时间仿佛在这里缓缓流淌。
4. 在夕阳的余晖下，老街的转角，一位老人悠闲地摇着扇子，温暖而宁静的日常剪影。
5. 家中一隅，温馨的灯光下，一只猫咪慵懒地躺在窗台上，享受着宁静的午后时光。
6. 在公园长椅上，一对情侣依偎，周围是落英缤纷，春日浪漫氛围下的温馨日常。
7. 夜幕低垂，城市灯光闪烁，高楼大厦间的星空隐约可见，记录都市不眠夜的温柔。
8. 深夜城市的灯光闪烁，高楼大厦间透出温暖的灯光，每一盏都是归家人的方向，绘制都市中的温馨日常碎片。

8.2.2 使用即梦AI生成日常碎片的图片

利用即梦AI的核心智能生成技术，可以轻松生成日常碎片的图片，不仅省时高效，更可以将创意无限放大。即梦AI可以巧妙地捕捉日常碎片，无论是黄昏书店中的一角，还是窗台慵懒的小猫，都能瞬间转化为独一无二的图片，展示日常细微之美。下面介绍使用即梦AI生成日常碎片图片的操作方法。

步骤01 进入即梦AI主页，单击"AI作图"选项区中的"图片生成"按钮，进入相应的页面，输入相应的提示词，用于指导AI生成特定的图片，如图8-17所示。

步骤02 在"比例"选项区中，设置"图片比例"为9∶16，使AI生成相应比例的图片，如图8-18所示。

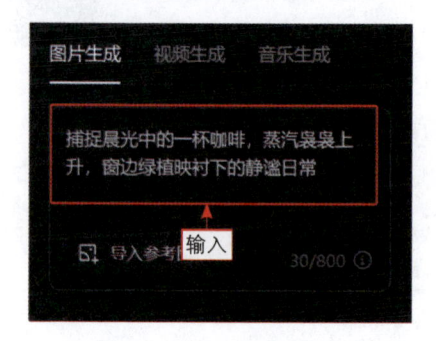

图8-17 输入相应的提示词　　　图8-18 选择9∶16选项

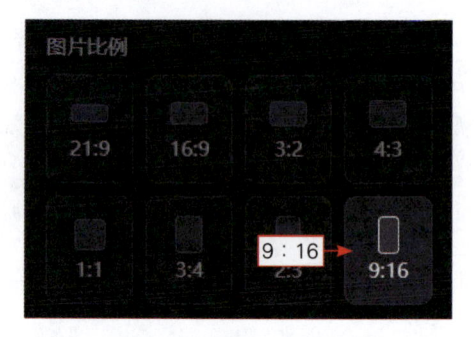

步骤03 单击"立即生成"按钮，即可生成相应的图片，效果如图8-19所示。

图8-19 生成相应的图片

步骤04 单击所选图片右上角的"下载"按钮，如图8-20所示，即可下载相应的图片至电脑中。

图8-20 单击"下载"按钮

第 8 章　影像类视频的 AI 创作案例

步骤 05 用与上面相同的方法，生成其他的图片，效果如图8-21所示。

图 8-21　生成其他图片

8.2.3　使用剪映模板一键生成日常碎片视频

在剪映电脑版中，利用模板可以一键生成日常碎片视频，极大地简化了创作流程，尤其凸显了"图片变视频"的神奇魅力。即便是视频制作新手，也能轻松享受从图片到视频转换的乐趣。下面介绍使用剪映模板一键生成日常碎片视频的操作方法。

▶扫码看教程

步骤 01 在剪映电脑版界面左侧的导航栏中，单击"模板"按钮，如图8-22所示。

步骤 02 进入"模板"界面，在上方输入相应的提示词，如图8-23所示。

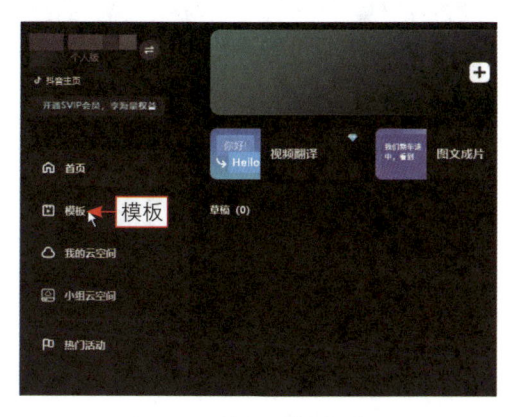

图 8-22　单击"模板"按钮 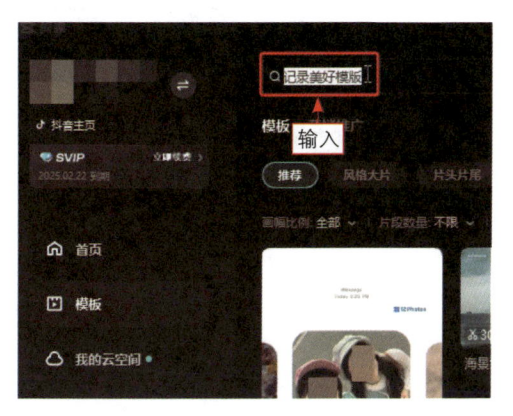　　　　图 8-23　输入相应的提示词

155

步骤03 搜索完成后，单击所选模板下方的"使用模板"按钮，如图8-24所示，稍等片刻，即可进入编辑界面。

步骤04 在时间线面板中，单击"替换"按钮，如图8-25所示。

图 8-24 单击"使用模板"按钮 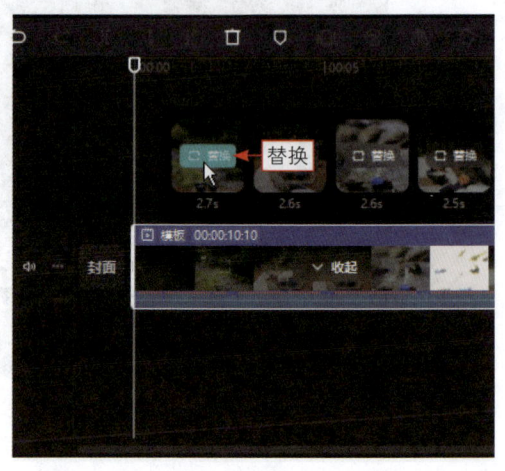　　图 8-25 单击"替换"按钮

步骤05 弹出"请选择媒体资源"对话框，选择相应的图片素材，如图8-26所示。

步骤06 单击"打开"按钮，执行操作后，即可将该图片素材替换到视频轨道中，如图8-27所示，同时导入到本地媒体资源库中。

图 8-26 选择相应的图片素材 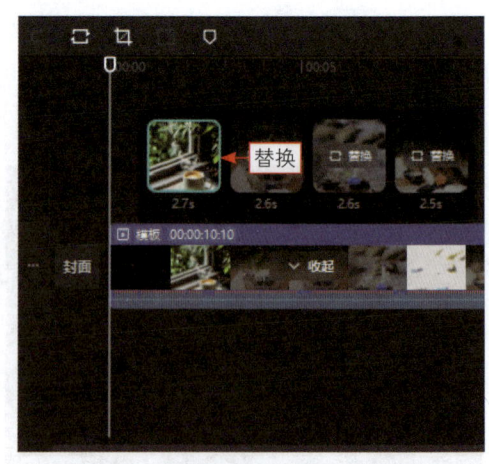　　图 8-27 将图片素材添加到视频轨道

步骤 07 用与上面相同的方法，依次替换其他的图片素材，如图8-28所示，完成后即可导出视频。

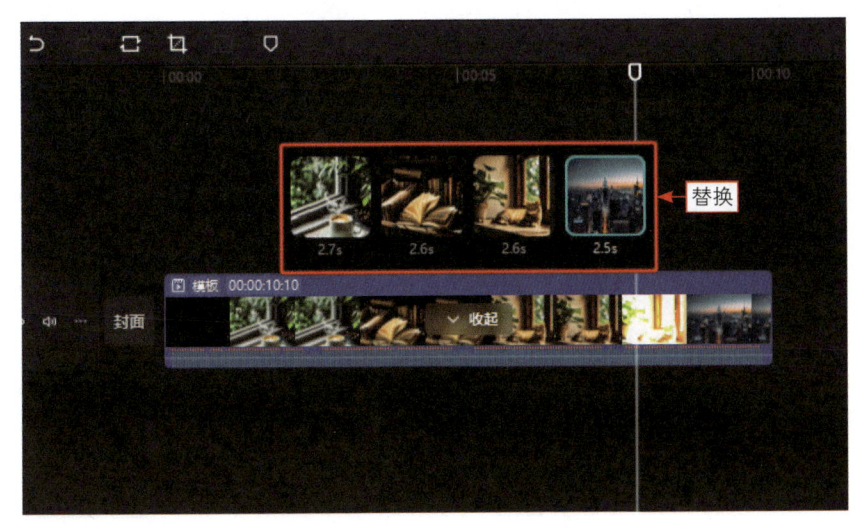

图 8-28　依次替换其他的图片素材

本章小结

本章详细阐述了如何运用DeepSeek、即梦AI及剪映等工具，分别制作户外风光与日常碎片两类视频。通过DeepSeek生成创意提示词，使用即梦AI生成相关图片或视频素材，再借助剪映丰富的模板资源，实现了从构思到成品的高效转化。

学习本章内容后，读者将掌握一套完整的视频创作流程，能够快速制作出具有个人特色的短视频作品，无论是记录自然风光还是日常生活，都能得心应手，提升个人的视频创作与编辑能力。

09

▶ 第 9 章

人物类视频的 AI 创作案例

　　从京剧花旦的华丽登场，到虚拟人物的生动演绎，本章将通过两大案例，展示即梦AI如何跨越创意与技术的边界。我们将见证AI如何生成细腻逼真的图像，如何通过提示词优化视频效果，乃至实现虚拟人物的精准对口型。这不仅是技术的展现，更是对传统文化与现代科技融合可能性的深度探索。

9.1 京剧花旦：运用即梦 AI 图文生视频

本节通过即梦AI图文生视频技术，详细展示了如何生成京剧花旦的创意内容。通过生成京剧花旦的图片，添加精准的提示词，进一步优化了视频效果，使其更加贴近京剧艺术的韵味与美感，展现了AI技术在传承与创新传统文化方面的巨大潜力与魅力，效果如图9-1所示。

图 9-1　效果展示

9.1.1　生成京剧花旦图片素材

京剧作为一种深植于中华文化中的独特艺术，其古典美、服饰、妆容及背景元素，无不体现出东方美学的精髓。在生成京剧花旦视频之前，首先生成相应的图片。下面介绍使用即梦AI生成京剧花旦图片素材的操作方法。

步骤 01　进入即梦AI主页，单击"AI作图"选项区中的"图片生成"按钮，即可进入"图片生成"页面，在文本框中输入相应的提示词，如图9-2所示，用于指导AI生成特定的图像。

步骤 02　在"比例"选项区中选择3∶4选项，如图9-3所示，将画面尺寸调整为竖图尺寸。

159

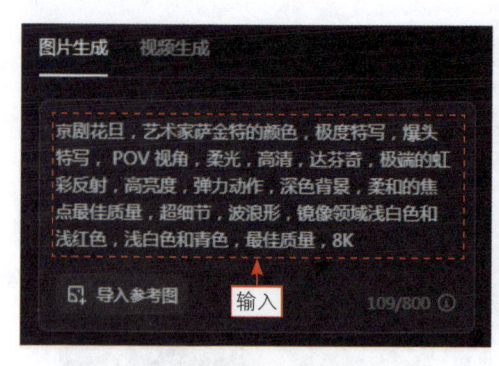

图 9-2 输入相应的提示词

图 9-3 选择 3∶4 选项

步骤 03 单击"立即生成"按钮,即可生成4幅相应的图片,如图9-4所示。

图 9-4 生成相应的图片

步骤 04 单击所选图片下方的"超清"按钮 HD ,如图9-5所示。

图 9-5 单击"超清"按钮

步骤 05 执行操作后，即可生成一张超清晰的AI图片，图片左上角显示了"超清"字样，如图9-6所示，即可将超清图片保存至电脑中。

图9-6 显示了"超清"字样

☆ 专家提醒 ☆

将鼠标指针移至图片上方，图片下方会弹出相应的工具栏，单击"生成视频"按钮，即可直接将图片上传至"图片生视频"面板中，简化了保存图片与上传图片等步骤，操作既方便又快捷。

9.1.2 精确输入关键词生成视频

通过精确输入关键词或描述性提示，用户可以将自己的创意和想法准确地传达给即梦AI，从而生成具有个性化特色的视频作品，AI可以智能分析并调整视频色彩、光影、节奏乃至情感氛围，使视频内容更加贴合创作者的意图，提升了视频的整体质感，促进了视频创作的发展和创新。下面介绍在即梦AI中精确输入关键词生成视频的操作方法。

步骤 01 在上一例的基础上，进入"视频生成"页面，单击"图片生视频"选项卡中的"上传图片"按钮，如图9-7所示。

步骤 02 执行操作后，弹出"打开"对话框，选择保存的参考图，如图9-8所示。

161

步骤 03 单击"打开"按钮，即可上传参考图，在参考图的下方输入相应的提示词，如图9-9所示，使AI生成特定的视频效果。

步骤 04 单击"生成视频"按钮，即可开始生成视频，并显示生成进度，稍等片刻，即可生成相应的视频，效果如图9-10所示。

图 9-7　单击"上传图片"按钮

图 9-8　选择参考图

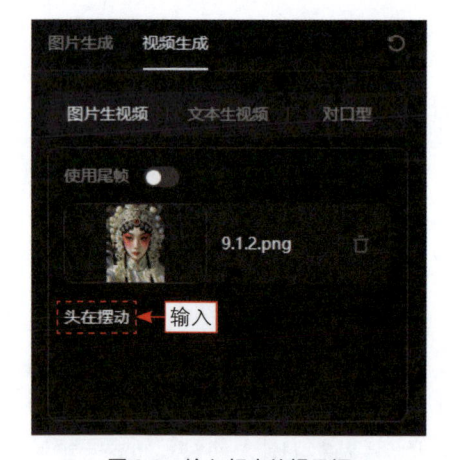

图 9-9　输入相应的提示词

图 9-10　生成相应的视频

9.1.3　再次生成京剧花旦视频

使用即梦AI再次生成京剧花旦视频，是为了借助AI的高效与创意能力，进一步优化视频质量，增添新颖元素。再次生成的作用在于提升视频细节的精致度，如服饰纹理、动作的流畅性；创新表现手法，如运用不同的滤镜、特效等。下面介绍在即梦AI中再次生成京剧花旦视频的操作方法。

步骤01 在上一例的基础上，单击生成的视频下方的 按钮，如图9-11所示。

步骤02 执行操作后，即可再次生成相应的视频，页面中显示了重新生成的视频内容，如图9-12所示。

图 9-11　单击相应的按钮　　　　　图 9-12　重新生成的视频

☆ 专家提醒 ☆

即梦AI的"再次生成"功能，基于强大的算法与学习能力，能够深度分析并理解原始素材的精髓，随后以全新的视角和创意重新构建内容。

9.2　虚拟人物：运用即梦 AI 的"对口型"功能

本节聚焦即梦AI在虚拟人物创作中的创新应用——通过AI技术生成逼真的虚拟人物图片，并借助提示词优化视频细节，使角色更加生动。最大的亮点在于利用"对口型"功能智能实现虚拟人物的文本朗读，极大地提升了视频的真实感和互动性，展现了AI在虚拟娱乐领域的巨大潜力，效果如图9-13所示。

图 9-13　效果展示

163

9.2.1 生成虚拟人物图片素材

使用即梦AI生成虚拟人物图片，是创意设计与数字艺术的融合。这项技术能够迅速构建出栩栩如生、风格多样的虚拟形象，从现实人物、科幻英雄到古风佳人，应有尽有。它极大地丰富了视觉设计的可能性，降低了创作门槛，让每个人都能轻松拥有专属的虚拟角色。下面介绍使用即梦AI生成虚拟人物图片的操作方法。

步骤01 进入"图片生成"页面，输入相应的提示词，用于指导AI生成特定的图像，如图9-14所示。

步骤02 在"比例"选项区中，选择3∶4选项，如图9-15所示，将画面调整为竖图。

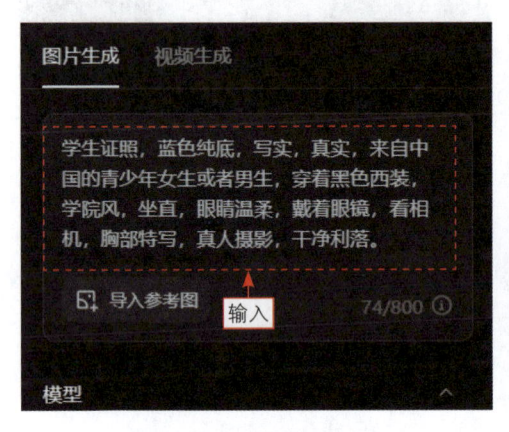

图9-14　输入相应的提示词　　　　图9-15　选择3∶4选项

步骤03 单击"立即生成"按钮，即可生成4幅相应的图片，如图9-16所示。

图9-16　生成相应的图片

第 9 章 人物类视频的 AI 创作案例

步骤 04 单击所选图片下方"超清"按钮 HD，如图9-17所示，提升虚拟人物图片的质感。

图 9-17 单击"超清"按钮

步骤 05 执行操作后，即可生成相应的超清图片，图片左上角显示了"超清"字样，如图9-18所示。

图 9-18 显示了"超清"字样

9.2.2 添加提示词优化视频效果

扫码看教程

在使用即梦AI生成虚拟人物视频时，可以添加提示词，AI能够深入理解并捕捉用户的创作意图，从而在虚拟人物的细节呈现、动作表情、场景氛围等方面实现高度定制化优化。下面介绍在即梦AI中添加提示词优化视频效果的操作方法。

步骤01 在上一例的基础上，单击图片下方的"生成视频"按钮 ，如图9-19所示，即可将图片自动上传至"视频生成"页面。

图9-19 单击"生成视频"按钮

步骤02 在参考图的下方输入相应的提示词，如图9-20所示，使AI生成特定的视频效果。

步骤03 设置"运动速度"为"慢速"，如图9-21所示。

图9-20 输入相应的提示词　　　　图9-21 设置运动速度

步骤04 单击"生成视频"按钮，即可开始生成视频，稍等片刻，即可生成相应的视频，效果如图9-22所示。

第 9 章　人物类视频的 AI 创作案例

图 9-22　生成相应的视频效果

9.2.3　使用"对口型"功能朗读文本

扫码看教程

生成视频后，结合即梦 AI 中的"对口型"功能，能够高效生成栩栩如生的虚拟人物视频。该技术不仅让文字内容以自然流畅的语音形式呈现，还能精准匹配语音节奏与口型动作，创造出高度逼真的对话场景。无论是教育讲解、产品推广还是娱乐创作，都能快速定制个性化虚拟形象，增强内容吸引力与互动性。下面介绍在即梦 AI 中使用"对口型"功能朗读文本的操作方法。

步骤 01　在上一例的基础上，单击视频下方的"对口型"按钮，如图 9-23 所示。

步骤 02　在页面左侧的"对口型"面板中自动上传角色形象，在"对口型"选项区的"文本朗读"文本框中输入相应的文本内容，如图 9-24 所示。

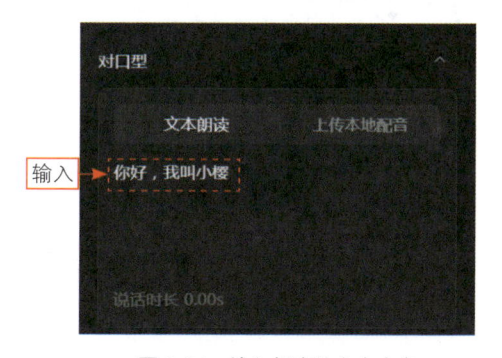

图 9-23　单击"对口型"按钮　　　　图 9-24　输入相应的文本内容

167

步骤 03 单击 🔊 按钮，弹出"朗读音色"面板，❶切换至"少女"选项卡；❷选择"冷静少女"选项，如图9-25所示，即可试听音色效果。

步骤 04 单击"生成视频"按钮，即可生成与人物口型相匹配的视频，效果如图9-26所示。

图9-25 选择"冷静少女"选项 　　　　图9-26 生成相应的视频

步骤 05 单击视频下方的"提升分辨率"按钮，如图9-27所示。

步骤 06 稍等片刻，即可在下方生成高分辨率的视频，效果如图9-28所示。

图9-27 单击"提升分辨率"按钮 　　　　图9-28 生成高分辨率的视频

☆ 专家提醒 ☆

在使用即梦AI的"对口型"功能时，需注意以下几点：❶确保音频与视频素材中人物口型时间线精确对齐，以提升真实感；❷选择与目标形象相近的音色效果，避免违和感；❸注意人物情绪与音频语调的一致性，增强沉浸体验。

即梦AI的"对口型"功能和"提升分辨率"功能都是会员功能，需要用户开通会员才能够使用。

步骤 07 单击视频右上角的"下载"按钮⬇️，如图9-29所示，即可将视频保存至电脑中。

图9-29 单击"下载"按钮

本章小结

本节深入探索了即梦AI在视频创作中的多元应用。首先，通过即梦AI图文生视频技术，成功生成并优化了京剧花旦的视频，展现了传统艺术的现代诠释。在虚拟人物创作中，不仅生成了生动的虚拟角色图片，还利用AI对口型技术，结合"文本朗读"功能，为虚拟人物赋予了生动的语言表现力，进一步拓宽了AI在视频娱乐和内容创作领域的边界。

学习本章内容后，读者将掌握即梦AI在视频创作中的实用技巧，能够利用AI技术提升视频制作效率与质量，为创作富有创意和吸引力的视频作品提供有力支持。

10

▶ 第 10 章

商业类视频的 AI 创作案例

本章深入探索可灵AI在广告制作领域的无限可能。从梦幻的香水广告到诱人的月饼礼盒，我们将见证AI如何以独特的视角和精准的技术，为产品赋予生命力。接下来让我们一同踏入这场视觉与嗅觉的盛宴，感受AI创意的无限魅力。

10.1 香水广告：运用可灵 AI 制作产品广告

本章聚焦香水广告的创意革新，利用可灵AI的强大能力，重新定义产品展示的边界。我们将探索如何巧妙地延长广告时长，加深品牌给观众留下的印象，确保每一帧画面都能以无水印高清的形式呈现，效果如图10-1所示。

图 10-1　效果展示

10.1.1　添加提示词并设置相应参数

在可灵AI中输入相应的提示词，可以生成画面精致的香水广告。这不仅让香水广告视频的创作过程变得高效快捷，更确保了每一个场景都能精准传达品牌魅力与香水的独特韵味，让每一次观看都成为沉浸式的感官盛宴，有效激发观众的购买欲望，助力品牌深度触达目标客户群体。下面介绍使用可灵AI添加提示词设置相应参数生成香水广告视频的操作方法。

☆ 专家提醒 ☆

在使用可灵AI生成香水广告视频时，需要注意：❶确保AI模拟的情感与品牌形象吻合，传递高级感与个性魅力；❷需精心调配色彩与光影，营造梦幻或诱人的氛围，匹配香水调性；❸要细腻挑选音效与配乐，增强视觉体验的听觉联想；❹故事情节或视觉元素创新独特，吸引观众注意并给其留下深刻的印象；❺遵守广告法，避免夸大宣传，确保信息真实可信。

步骤01 打开可灵AI官方网站，在首页单击"AI视频"按钮，如图10-2所示。

步骤02 进入视频创作页面，在"文生视频"选项卡的"创意描述"文本框中，输入相应的提示词，对视频场景进行详细的描述，用于指导AI生成特定的视频，如图10-3所示。

图 10-2　单击"AI 视频"按钮　　　　　图 10-3　输入相应的提示词

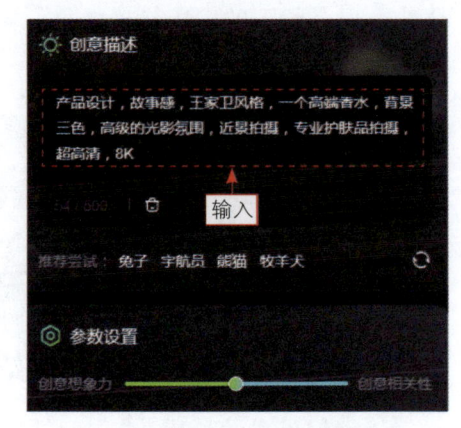

步骤03 在"参数设置"面板中设置"视频比例"为1∶1，让AI生成方幅视频，如图10-4所示。

步骤04 ❶在"运镜控制"面板中设置"运镜方式"为"拉远/推进"；❷设置"拉远/推进"为3，使画面慢慢靠近主体，如图10-5所示。

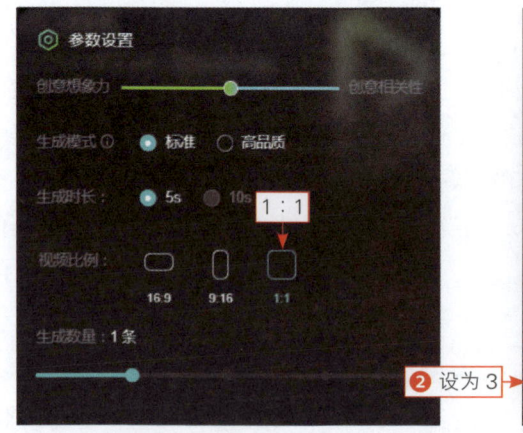

图 10-4　设置视频比例　　　　　图 10-5　设置拉远 / 推进

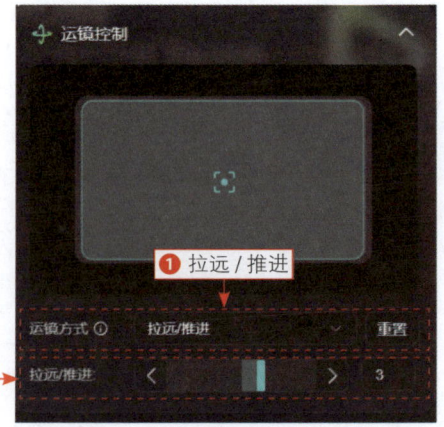

步骤05 ❶单击"立即生成"按钮，执行操作后，即可开始生成视频，并在页面中间显示生成进度；❷稍等片刻，即可生成相应的视频，效果如图10-6所示。

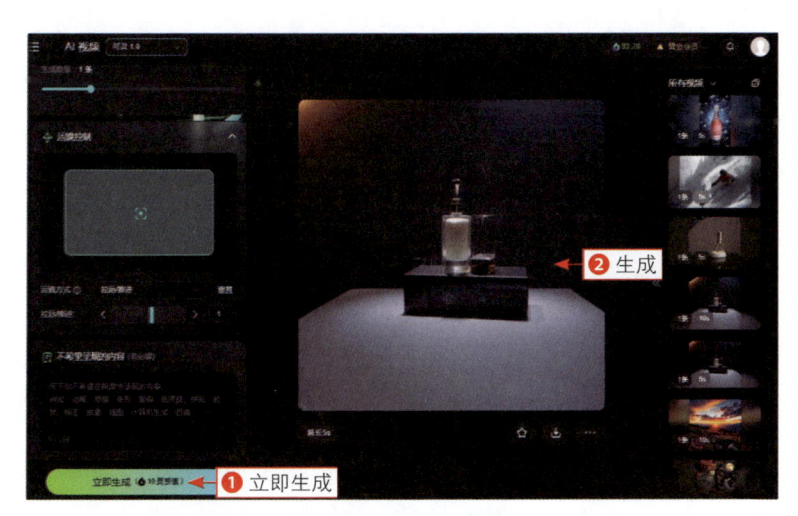

第 10 章　商业类视频的 AI 创作案例

图 10-6　生成相应的视频

10.1.2　延长香水广告视频的时长

延长香水广告视频时长，不仅能够无缝融合原素材的精髓，更可以通过智能分析与创意生成，为视频增添细腻的情感层次与故事深度，让观众仿佛置身于香气弥漫的梦幻空间。下面介绍使用可灵 AI 延长香水广告视频时长的操作方法。

步骤 01　在上一例的基础上，❶单击视频下方的"延长 5s"按钮；❷弹出相应的列表，选择"自动延长"选项，如图 10-7 所示。

步骤 02　执行操作后，即可开始生成视频，稍等片刻，即可延长视频，效果如图 10-8 所示，页面右侧会自动生成相应的缩略图。

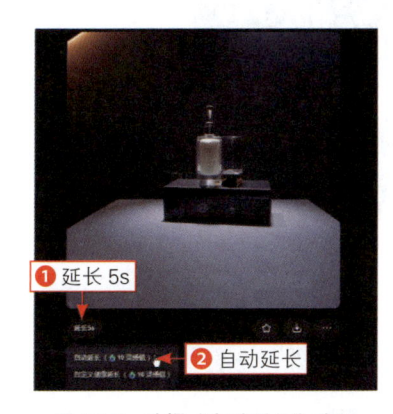

图 10-7　选择"自动延长"选项　　　　图 10-8　延长视频

173

☆ 专家提醒 ☆

在可灵AI中延长视频时，其优点在于高度智能化与创意融合能力。通过精准分析视频内容，AI能够无缝衔接画面与情节，不仅保持了原视频的连贯性和质量，还巧妙地添加了新元素，丰富了叙事层次。此外，可灵AI还能根据观众偏好自动调整节奏与氛围，使延长后的视频更加引人入胜。

需要注意的是，"延长5s"功能为会员专享，需要用户开通会员才可以使用。

10.1.3　下载无水印香水广告视频

开启"无水印下载"功能，用户下载的视频中就没有可灵AI的水印，保留高清画质与广告原有意境，让香水广告视频更加纯净、专业。无论是用于品牌宣传、社交媒体推广还是视频编辑项目，都能轻松获取高质量素材，节省时间与成本。下面介绍使用可灵AI下载无水印香水广告视频的操作方法。

步骤01　在上一例的基础上，❶将鼠标指针移至视频下方的按钮上；❷弹出相应的列表，选择"无水印下载"选项，如图10-9所示，稍等片刻，即可下载无水印视频。

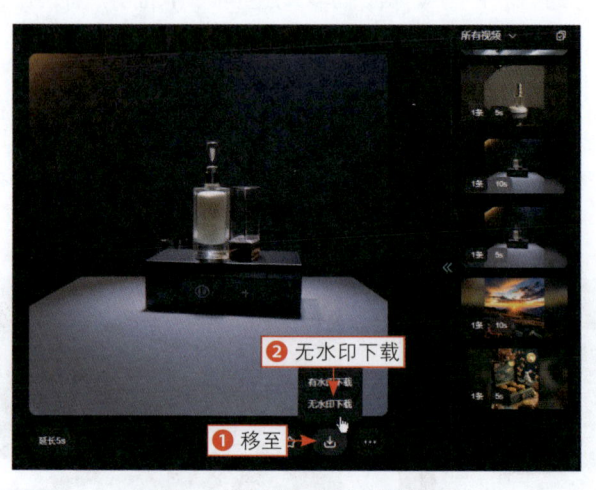

图 10-9　选择"无水印下载"选项

☆ 专家提醒 ☆

需要注意的是，用户需要开通会员才可以使用"无水印下载"等多种功能。

步骤02　❶单击页面右侧的"批量操作"按钮；❷弹出相应的页面，即可选择多个视频，如图10-10所示。

步骤03 ❶将鼠标指针移至页面右下角的 按钮上；❷弹出相应的列表，选择"无水印下载"选项，如图10-11所示，即可下载多个视频效果。

图10-10 选择多个视频

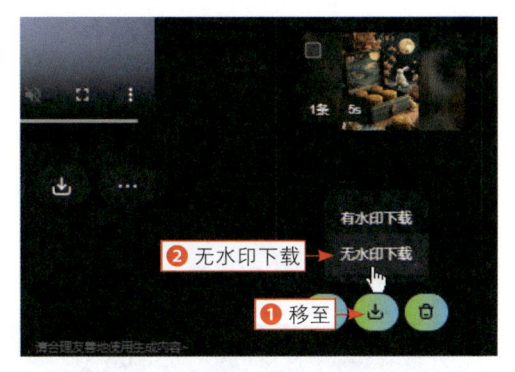

图10-11 选择"无水印下载"选项

10.2 月饼礼盒：运用可灵AI制作美食广告

利用可灵AI的强大功能，可以将传统美食与现代科技融合。首先设置相应的参数，即可生成多款月饼礼盒的参考图；然后上传这些参考图至可灵AI，进行以图生图创作，可灵AI将智能解析并生成既保留原有意境又充满新意的广告画面。本节主要介绍制作美食广告视频的方法，效果如图10-12所示。

扫码看效果

图10-12 效果展示

175

10.2.1 设置相关参数生成参考图

使用可灵AI设置相关参数生成参考图，极大地提升了设计与创作的效率与精度。用户可根据项目需求，精准设定颜色、风格及构图等参数，AI可以分析并融合这些指令，快速生成高质量的参考图。下面介绍使用可灵AI设置相关参数生成参考图的操作方法。

步骤01 进入可灵AI官方网站，单击首页下方的"AI图片"按钮，如图10-13所示，即可进入"AI图片"页面。

步骤02 在"创意描述"文本框中，输入相应的提示词，用于指导AI生成特定的图片，如图10-14所示。

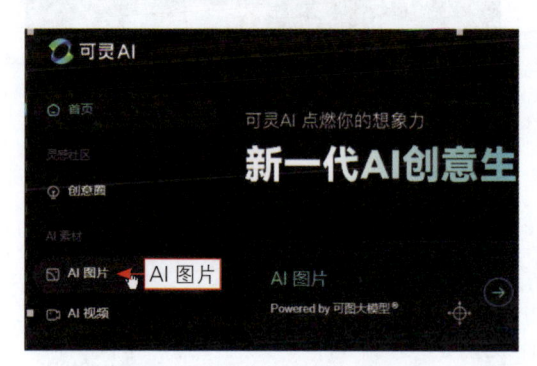

图10-13 单击"AI图片"按钮

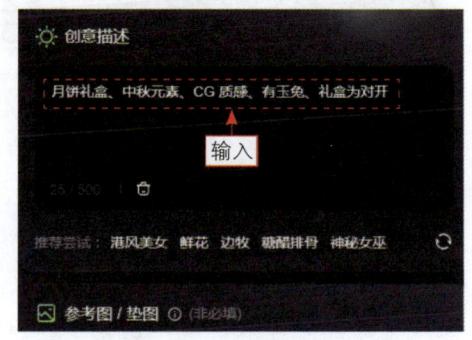

图10-14 输入相应的提示词

步骤03 在"参数设置"面板中设置比例为3∶4，如图10-15所示，使AI生成相应比例的图片。

步骤04 单击"立即生成"按钮，执行操作后，即可开始生成图片，稍等片刻，即可生成相应的图片，页面中会显示相对应的图组，如图10-16所示。

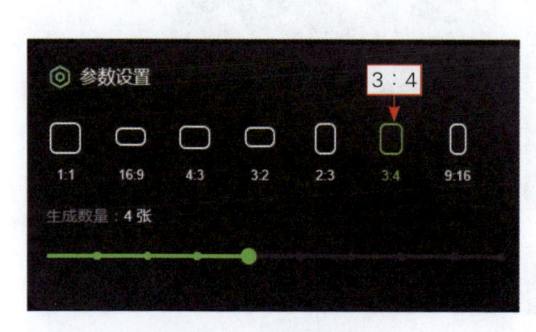

图10-15 设置相应的比例

图10-16 生成相应的图片

步骤 05 单击第2张图片,即可预览第2张图片的大图效果,如图10-17所示。

图 10-17　查看大图效果

☆ 专家提醒 ☆

需要用户注意的是,"画质增强"功能为会员专享,需要用户开通可灵AI会员才可以使用。

步骤 06 单击图片下方的"画质增强"按钮,即可生成相应的高清图片,图片左上角会显示HD字样,如图10-18所示。

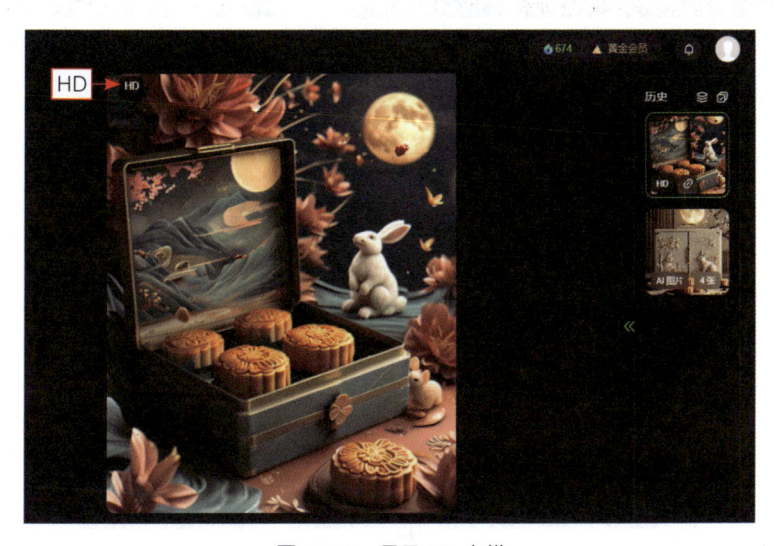

图 10-18　显示 HD 字样

177

10.2.2 上传参考图进行以图生图

在可灵AI中上传参考图进行以图生图，不仅能精准捕捉原图精髓，更能在此基础上演绎无限想象，生成风格多变、细节丰富的全新图像。可灵AI以图生图的独特优势在于其强大的智能学习能力，创造出既保留原图神韵又超越原作的惊艳之作。下面介绍在可灵AI中上传参考图进行以图生图的操作方法。

步骤01 在上一例的基础上，单击图片下方的"生成视频"按钮，如图10-19所示，即可切换至"AI视频"页面，并将图片自动上传至"图生视频"选项卡中。

步骤02 在"参数设置"面板中设置"生成模式"为"标准"，如图10-20所示。

图10-19 单击"生成视频"按钮

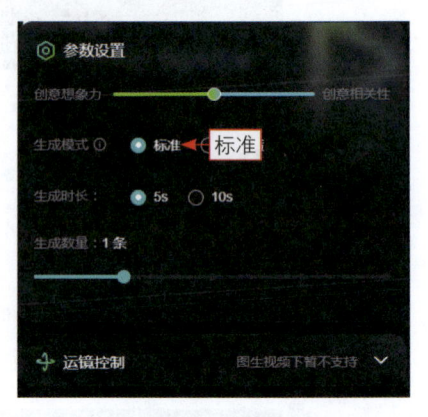

图10-20 设置生成模式

步骤03 单击"立即生成"按钮，稍等片刻，即可生成相应的视频，效果如图10-21所示。

图10-21 生成相应的视频

10.2.3　设置播放速度慢速观看视频

在可灵AI平台中，设置慢速播放视频，能让用户更细致地捕捉视频中的每一个细节，无论是学习新技能、分析动作流程还是欣赏艺术表演，都能获得前所未有的沉浸体验。下面介绍在可灵AI中设置播放速度为慢速的操作方法。

步骤01 在上一例的基础上，单击视频下方的"更多选项"按钮，弹出相应的列表，选择"播放速度"选项，如图10-22所示。

步骤02 执行操作后，弹出相应的列表框，选择0.5选项，如图10-23所示，即可慢速播放视频。

图 10-22　选择"播放速度"选项　　　　图 10-23　选择 0.5 选项

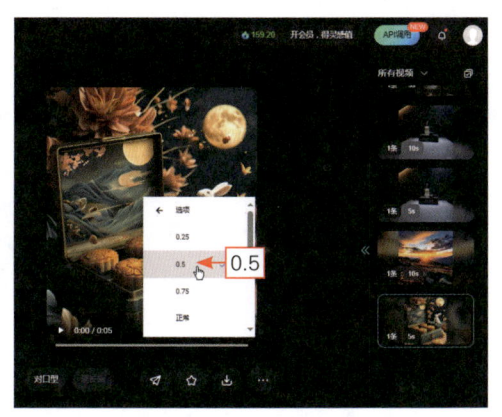

本章小结

本章通过实例展示了如何使用可灵AI分别制作香水广告与月饼礼盒美食广告，从添加提示词、延长视频时长、下载无水印视频、调整参数、以图生图到设置播放速度，全方位指导了AI创意广告的制作流程。

学习本章内容后，读者不仅能掌握利用AI制作广告的技巧，还能灵活运用于不同领域的产品推广中，提升广告制作的效率与创意性，为商业营销注入新的活力。

▶ 第 11 章

营销类视频的 AI 创作案例

从春日踏青计划到周年店庆活动的生动演绎，本章将通过两大案例，展示腾讯智影如何跨越创意与技术的边界。我们将见证如何利用AI生成细腻逼真的数字人，如何修改提示词实现虚拟人物的精准对口型。

第 11 章　营销类视频的 AI 创作案例

11.1 春日踏青计划：运用腾讯智影制作营销推广数字人视频

利用腾讯智影制作"春日踏青计划"的营销推广数字人时，首先通过DeepSeek生成富有创意和吸引力的春日踏青文案，确保内容既符合品牌形象，又能激发受众兴趣。接着，在腾讯智影平台中精心挑选与春日踏青主题相符的数字人模板，注重其形象与风格的契合度。最后，利用文本驱动数字人视频功能，将文案内容生动地呈现出来，通过数字人的自然演绎，增强视频的互动性和感染力，效果如图11-1所示。

▶ 扫码看效果

图 11-1　效果展示

11.1.1　使用DeepSeek生成春日踏青计划的文案

▶ 扫码看教程

在生成旅行社"春日踏青计划"营销文案的过程中，DeepSeek展现出了卓越的自然语言处理与创意激发能力。它能深刻理解春日踏青的情感共鸣点，结合旅行社的特色，生成既符合品牌形象又引人入胜的文案。这不仅保证了文案的个性化与高质量，还极大地节省了人力与时

181

间成本，让旅行社能够更高效地传达春日旅行的美好愿景，吸引更多游客的青睐，从而在竞争激烈的市场中脱颖而出。

在DeepSeek中新建一个对话，在文本框中输入相应的提示词，单击发送按钮 ⬆，即可生成相应的内容，相关指令与回复内容如下。

提问

现在你是一位主播，你需要根据我给出的广告信息撰写一段视频口播文案。

你需要放大广告的亮点价值，激发观众的欲望。

接下来是这款广告的信息：

广告介绍：熊熊旅行社

广告亮点：安排周到、景点人少、风景优美

180字

DeepSeek

家人们，你们的旅行神器来啦！想要一次说走就走，却又不人挤人、尽享美景的梦幻之旅吗？熊熊旅行社，您的私人定制旅行专家！我们承诺，安排周到至每一个细节，让您的行程无忧。独家线路，直击那些网红打卡点都未曾踏足的秘境，景点人少景更美，仿佛整个世界只为您开放。风景如画，每一次快门都是高级壁纸大片。选择熊熊旅行社，让您的旅行故事，比电影还精彩！快来拥抱您的专属风光吧！

11.1.2 选择合适的数字人模板

腾讯智影能够为用户智能匹配不同风格、场景及需求的数字人形象，创作者能够快速构建出符合品牌调性或故事情境的角色，使内容更加生动、鲜活。这一过程不仅简化了传统角色设计的烦琐流程，还提升了创作效率与灵活性，助力内容生产者在数字化时代抢占先机，打造更具吸引力和影响力的作品。下面介绍在腾讯智影中选择合适的数字人模板的操作方法。

步骤01 进入腾讯智影的"创作空间"页面，单击"数字人播报"选项区中的"去创作"按钮，如图11-2所示。

步骤02 执行操作后，进入相应的页面，弹出"模板"面板，切换至"竖版"选项卡，如图11-3所示。

步骤03 在"竖版"选项卡中选择一个合适的数字人模板，单击相应的预览

第 11 章　营销类视频的 AI 创作案例

图，如图11-4所示。

图 11-2　单击"去创作"按钮

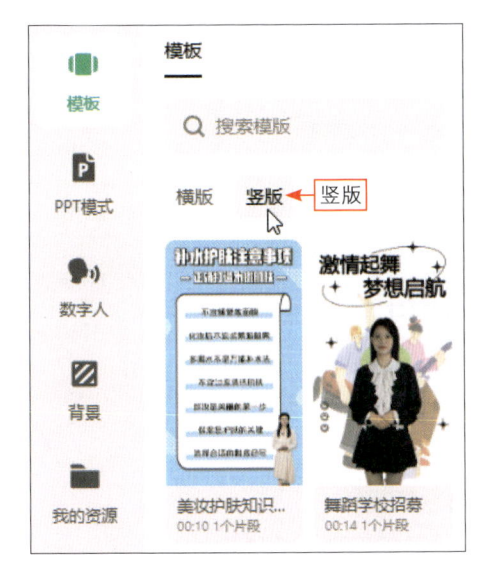

图 11-3　切换至"竖版"选项卡

图 11-4　单击相应的预览图

☆ 专家提醒 ☆

在使用腾讯智影"数字人播报"功能生成视频时，需注意以下几点：❶确保文本内容准确无误，避免播报时出现错误；❷选择合适的数字人形象与音色，以符合视频风格；❸调整数字人大小与位置，使其在画面中自然、协调；❹仔细检查各项设置，确保音量、语速等参数符合需求；❺遵守平台规则，尊重版权，避免侵权行为。

183

步骤04 执行操作后，弹出"春日踏青计划"面板，单击"应用"按钮，如图11-5所示。

图11-5 单击"应用"按钮

步骤05 执行操作后，即可添加相应的模板，如图11-6所示。

图11-6 添加相应的模板

☆ 专家提醒 ☆

单击所选模板右上角的 + 按钮，即可直接添加相应模板。

步骤06 ❶单击页面左侧的"数字人"按钮；❷弹出相应的面板，在"预置形象"选项卡中，选择"冰璇"数字人形象，如图11-7所示，即可更改数字人形象。

第 11 章　营销类视频的 AI 创作案例

图 11-7　选择"冰璇"数字人形象

11.1.3　使用文本驱动数字人视频

扫码看教程

腾讯智影可以将文字直接转化为生动逼真的数字人表演，这一创新方式极大地拓宽了内容展现形式，提升了观众体验，使信息传递更加高效、直观，为品牌营销、教育培训、娱乐创作等领域带来了前所未有的机遇与可能。下面介绍在腾讯智影中使用文本驱动数字人视频的操作方法。

步骤01　在上一例的基础上，更改"播报内容"中相应的提示词，如图11-8所示。

步骤02　将光标定位到文中的相应位置，❶单击"插入停顿"按钮；❷依次插入多个0.5秒的停顿标记，如图11-9所示，即可使数字人朗读节奏更加自然。

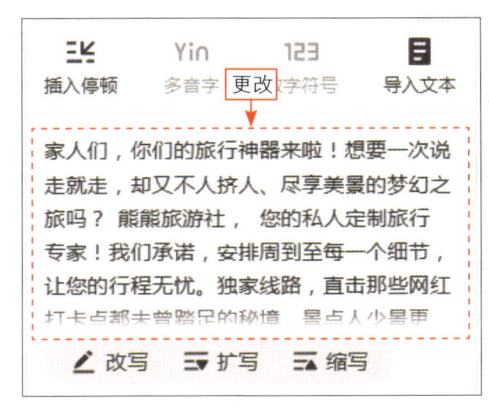

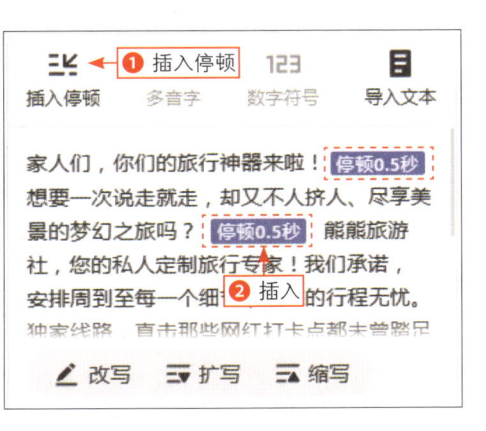

图 11-8　更改相应的提示词　　　　图 11-9　依次插入多个停顿标记

185

步骤03 在"播报内容"选项卡底部单击选择音色按钮，弹出"选择音色"面板，❶切换至"广告营销"选项卡；❷选择一个合适的女声音色；❸单击"确认"按钮，如图11-10所示。

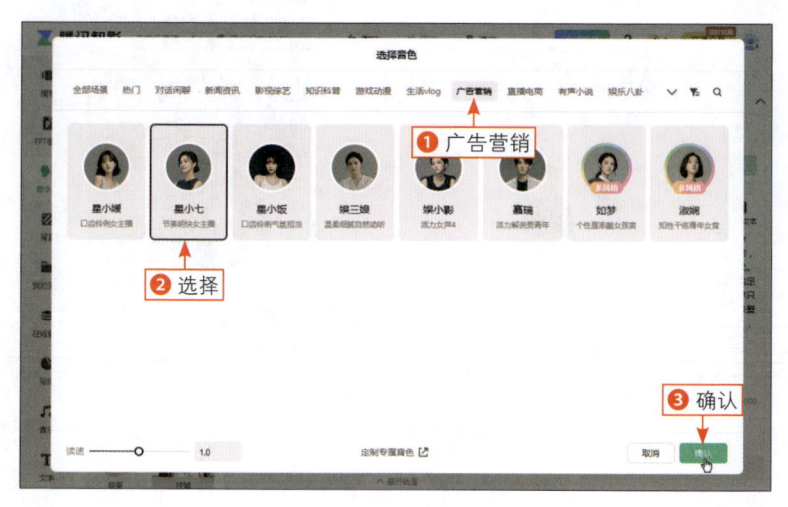

图 11-10 单击"确认"按钮

步骤04 执行操作后，单击"保存并生成播报"按钮，如图11-11所示，即可根据文字内容生成相应的语音播报视频，同时数字人轨道的时长也会根据文本配音的时长而改变。

图 11-11 单击"保存并生成播报"按钮

步骤05 执行操作后，即可修改数字人的音色，单击页面下方的"展开轨

第 11 章　营销类视频的 AI 创作案例

道"按钮，如图11-12所示，即可展开轨道面板。

步骤06 ❶选中素材；❷依次拖曳所有素材的时长，使其与数字人播报时长一致，如图11-13所示。

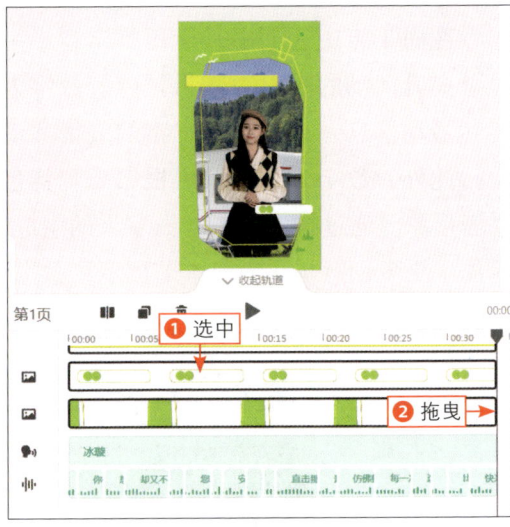

图 11-12　单击"展开轨道"按钮

图 11-13　使其与数字人播报时长一致

步骤07 执行操作后，单击"合成视频"按钮，如图11-14所示，即可导出相应的数字人视频。

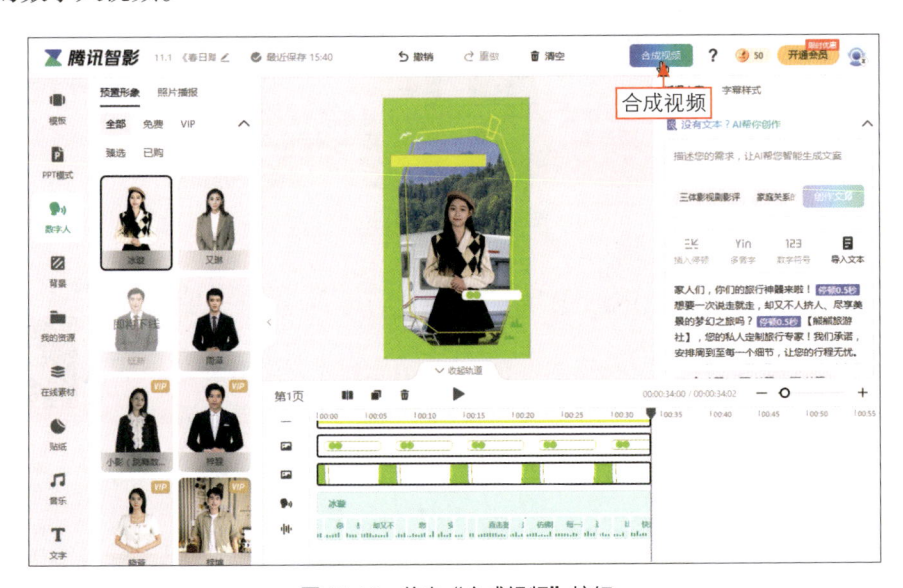

图 11-14　单击"合成视频"按钮

187

11.2 周年店庆活动：运用腾讯智影主题模板生成视频

在周年店庆活动中，运用腾讯智影主题模板生成数字人，能够显著提升活动的吸引力和科技感。数字人不仅可担任播报员，准确传达活动信息，还能通过丰富的表情和动作，增强与观众的互动体验。此外，数字人的形象可根据品牌特色定制，有助于塑造独特的品牌形象。通过腾讯智影，数字人的生成与调整变得简单高效，为周年店庆活动增添了更多创意与活力。本节展示了数字人在活动中的应用价值，凸显了腾讯智影生成技术的先进性和实用性，效果如图11-15所示。

图 11-15 效果展示

11.2.1 使用DeepSeek生成周年店庆活动的文案

使用DeepSeek智能生成技术，精心打造周年店庆营销文案，不仅可以让每一句文案都富含情感共鸣与创意火花，有效提升活动吸引力，而且可以智能分析市场营销方式，确保文案紧贴潮流，能够助力店铺在周年庆典中脱颖而出，实现品牌影响与销量的双重飞跃。

在DeepSeek中新建一个对话，在文本框中输入相应的提示词，单击发送按钮，即可生成相应的内容，相关指令与回复内容如下。

第 11 章　营销类视频的 AI 创作案例

提问

现在你是一位主播，你需要根据我给出的商品信息撰写一段周年店庆活动视频口播文案。

你需要放大商品的亮点价值，激发观众的购买欲望。

接下来是这款商品的信息：

商品介绍：螺蛳粉店周年店庆活动

商品亮点：新品上市、限时活动、打折优惠、吃货狂欢，100字

DeepSeek

螺蛳粉店周年店庆盛宴，吃货们的终极狂欢来啦！

新品闪亮登场，只为这场特别的庆典！限时活动，错过等一年，我们直接给您送上满满的诚意——超值打折优惠！每一口都是地道风味，每一包都藏着对美食的极致追求。别让味蕾等太久，快来加入这场舌尖上的盛宴，让螺蛳粉的鲜美唤醒您的每一个细胞！赶紧来吧，和我们一起，嗨翻吃货的每一个日夜！

11.2.2　使用腾讯智影主题模板生成播报

▶扫码看教程

腾讯智影中的主题模板，作为数字内容创作的强大工具，其最大的亮点在于一键生成专业级播报视频。这些精心设计的模板，不仅涵盖了丰富多样的视觉风格与场景布局，还深度融合了前沿的AI技术，让非专业人士也能轻松驾驭复杂的视频制作。下面介绍使用腾讯智影主题模板生成播报的操作方法。

步骤 01　进入腾讯智影的"创作空间"页面，单击"数字人播报"选项区中的"去创作"按钮，如图11-16所示。

步骤 02　执行操作后，进入相应页面，弹出"模板"面板，切换至"竖版"选项卡，如图11-17所示。

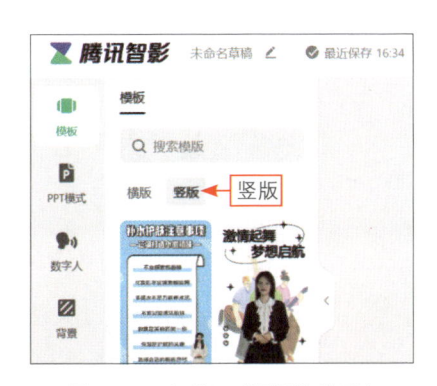

图 11-16　单击"去创作"按钮　　　　图 11-17　切换至"竖版"选项卡

189

步骤 03 单击所选数字人模板预览图右上角的 + 按钮,即可直接添加相应的数字人模板,如图11-18所示。

图 11-18 添加相应的模板

11.2.3 使用腾讯智影调整视频中的数字人

在腾讯智影中,用户可以轻松调整数字人的表情、动作乃至服装配饰,实现高度个性化的定制。这一功能不仅丰富了视频内容的创意表达,还极大地提升了观众的沉浸感,提高了视频的互动性,为数字内容创作开辟了全新的可能。下面介绍使用腾讯智影调整视频中的数字人的操作方法。

步骤 01 在上一例的基础上,❶单击"数字人"按钮,展开"数字人"面板;❷在"预置形象"选项卡中,选择"又琳"数字人形象,如图11-19所示。

图 11-19 选择"又琳"数字人形象

第 11 章　营销类视频的 AI 创作案例

步骤 02 在预览区中选择数字人，在编辑区中切换至"画面"选项卡，如图11-20所示。

图 11-20　切换至"画面"选项卡

步骤 03 设置"缩放"为40%、"坐标"为120、302，如图11-21所示，即可调整数字人的位置和大小。

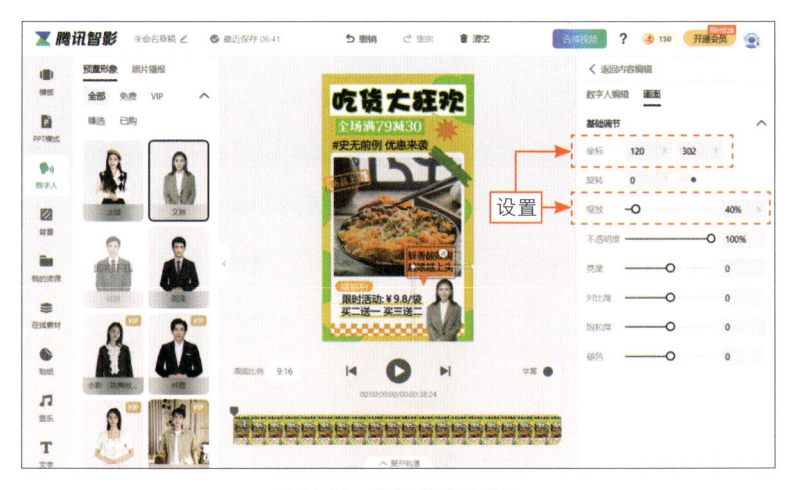

图 11-21　设置相应的参数

11.2.4　使用腾讯智影优化视频的展示效果

▶ 扫码看教程

利用腾讯智影优化视频的展示效果，可以显著提升内容的吸引力和专业度。在腾讯智影中，通过修改文本朗读节奏，结合高精度

191

动作捕捉与面部表情模拟，让数字人形象栩栩如生，动作流畅自然，表情细腻丰富，可以极大地提升观众的沉浸感，提高视频的互动性。下面介绍使用腾讯智影优化视频展示效果的操作方法。

步骤 01 在上一例的基础上，在编辑区中清空模板中的文字内容，更改相应的文本内容，如图11-22所示。

步骤 02 将光标定位到文中的相应位置，❶单击"插入停顿"按钮；❷插入多个0.5秒的停顿标记，效果如图11-23所示，即可使数字人的朗读节奏更加自然。

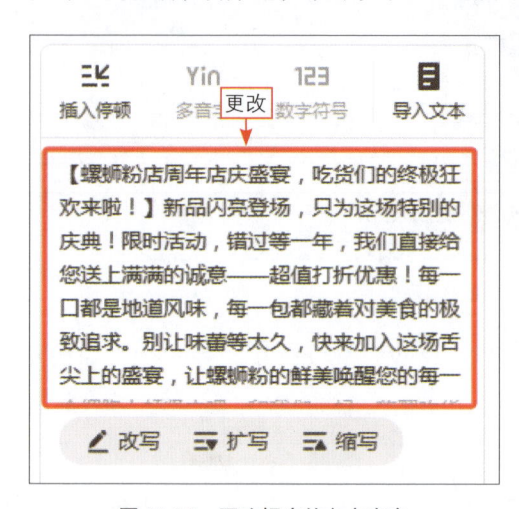

图 11-22　更改相应的文本内容 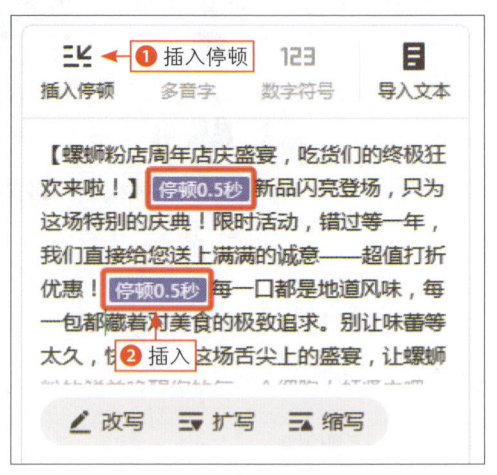　　　　图 11-23　插入多个 0.5 秒的停顿标记效果

步骤 03 单击"保存并生成播报"按钮，如图11-24所示，即可根据文字内容生成相应的语音播报，同时数字人的播报时长也会根据文本配音的时长而改变。

图 11-24　单击"保存并生成播报"按钮

第 11 章　营销类视频的 AI 创作案例

步骤 04 ❶在预览区中选择相应的文本内容；❷在编辑区的"样式编辑"选项卡中，更改相应的文本内容；❸调整文字的大小，如图11-25所示。

图 11-25　调整字体的大小

步骤 05 用与上面相同的操作方法，❶选择需要更改的文字；❷在"样式编辑"选项卡中，更改文字颜色，如图11-26所示。

图 11-26　更改文字颜色

步骤 06 ❶选择需要更改的文字；❷设置"坐标"为–51、272，"缩放"为37%，如图11-27所示，即可调整文字的位置和大小。

193

图 11-27 设置相应的参数

步骤 07 单击页面下方的"展开轨道"按钮 ∧，如图11-28所示，即可展开轨道面板。

步骤 08 ❶选中素材；❷依次拖曳所有素材的时长，使其与数字人播报时长保持一致，如图11-29所示。

图 11-28 单击"展开轨道"按钮

图 11-29 使其与数字人播报时长保持一致

步骤 09 单击页面右上角的"合成视频"按钮，如图11-30所示。

第 11 章 营销类视频的 AI 创作案例

图 11-30 单击"合成视频"按钮

步骤 10 执行操作后，弹出"合成设置"对话框，❶更改相应的名称；❷单击"确定"按钮，如图11-31所示。

步骤 11 弹出"功能消耗提示"对话框，单击"确定"按钮，如图11-32所示。

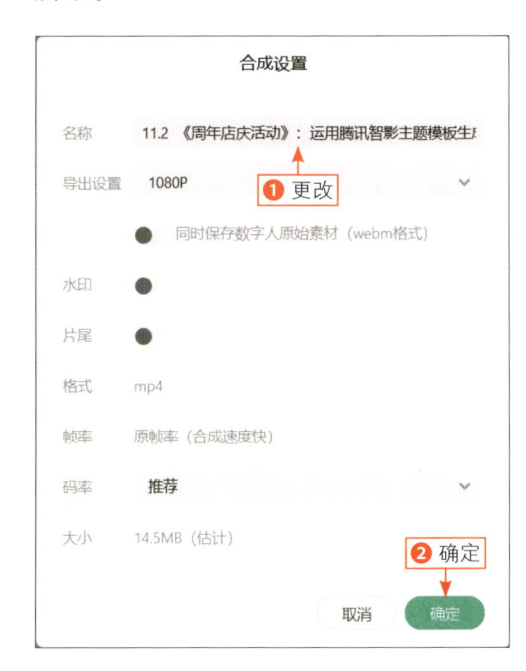

图 11-31 单击"确定"按钮（1）　　图 11-32 单击"确定"按钮（2）

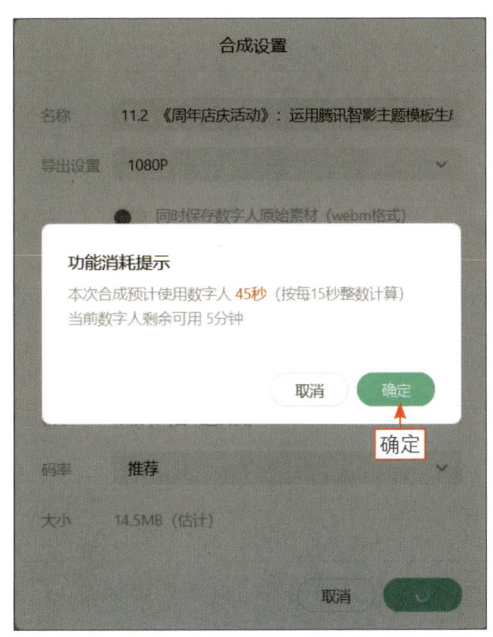

195

步骤12 执行操作后，进入"我的资源"页面，在合成后的视频预览图上，单击 按钮，如图11-33所示，即可保存数字人视频。至此，完成周年店庆活动数字人视频的制作。

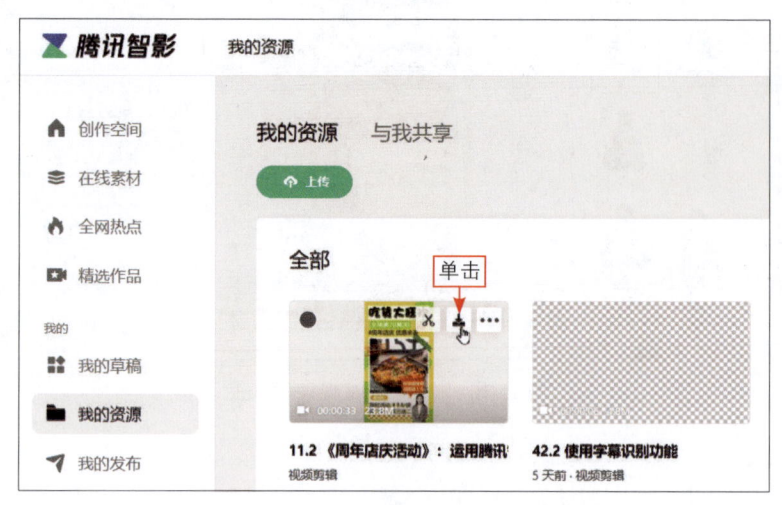

图11-33 单击相应按钮

本章小结

本章主要介绍了如何运用腾讯智影制作营销推广数字人视频，包括"春日踏青计划"与"周年店庆活动"两个案例。通过学习使用DeepSeek生成文案，选择合适的数字人模板，以及运用腾讯智影的文本驱动数字人视频、使用主题模板生成播报、调整数字人与优化视频等操作，读者能够掌握数字人营销视频的制作。

学习本章内容后，读者将能够提升数字营销能力，利用先进的AI技术创作出更具吸引力和创意的营销推广视频，为品牌活动增添亮点。